U0023040

Sucré

Sucré

LADURÉE 百年糕點老舖的傳奇配方

食譜 PHILIPPE ANDRIEU

攝影 SOPHIE TRAMIER

設計 CHRISTÈLE AGEORGES

朱雀文化

LADURÉE

LADURÉE 的故事

LADURÉE的傳奇起源於1862年，當時創辦人路易・歐內斯特・拉杜蕾（Louis Ernest Ladurée）在巴黎市中心的皇家大街16號開了一間麵包店。這時期同區域內瑪德蓮教堂（La Madeleine）附近，正迅速發展成巴黎最重要的商業區，許多知名的法國奢侈品品牌已在此區林立。

1872年，店內發生了一場大火，LADURÉE也從麵包店轉型為甜點店，並找來當時著名的畫家、海報藝術家朱・雪瑞（Jules Cheret）負責裝潢設計。到20世紀初期，路易・歐內斯特・拉杜蕾的太太貞妮・梭莎（Jeanne Souchard）想出了結合巴黎咖啡文化與法式甜點的經營方式，於是巴黎第一間茶沙龍就此誕生。

1993年，賀爾德集團（Holder Group）的創始人法蘭西司・賀爾德（Francis Holder）與他的兒子大衛・賀爾德（David Holder）發掘了LADURÉE這個「睡美人」的潛力。1997年，LADURÉE餐廳和茶沙龍於香榭麗舍大道上開幕，由捷克・賈西亞（Jacques Garcia）設計，很快地，LADURÉE成為當地老饕們必光顧的名店之一。

之後的15年，LADURÉE在大衛·賀爾德的帶領下重拾昔日光輝，在著名的春天百貨（Printemps）和巴黎左岸開了分店，接著進駐倫敦、日內瓦和東京等地，更以著名的馬卡龍為其代表，打響了國際知名度。

隨著季節的律動，甜點行政主廚菲力普·安德利尤（Philippe Andrieu）每一年會推出兩次新品，像是修女雙層泡芙（Les Religieuses）、聖安娜泡芙塔（Les Saint Honoré）、馬卡龍等等。

LADURÉE頌揚所有甜蜜與女性柔美氣質的事物，因此菲力普的創作有多少口味，店裡就有多少絢麗的色彩：纖柔的粉紅、艷麗的紫色和LADURÉE的招牌粉綠，全是LADURÉE所有創作的繽紛代表與精髓。

就如LADURÉE所主張，其終極目標在於創造「Belles Choses」，也就是美麗的事物，而這正是法國生活品味及態度的特徵，因此每間分店都富有鮮明的個性。對於甜點，LADURÉE仍一本初衷，堅持品質與唯美的並存，更遠遠超越時下的餐飲趨向和時尚流行，讓所有人都能品嘗到最單純的美味。

LADURÉE
LADURÉE
LADURÉE
PIERRE FREY

目錄

LES MACARONS

馬卡龍

份量：約50個　準備時間：2小時　烘焙時間：每次12～15分鐘
靜置時間：10分鐘～1小時＋可食用至少12小時

Macarons Amande
杏仁馬卡龍

馬卡龍餅乾
杏仁粉275克｜2¾ 杯＋1大匙
糖粉250克｜2杯＋1大匙
蛋白180克｜約6個
＋15克｜約½個
白砂糖210克｜1杯＋1大匙
碎杏仁顆粒100克｜1杯

杏仁鮮奶油醬
奶油150克｜10½大匙
杏仁膏（65% 杏仁）
320克｜1½杯
無糖杏仁漿（可以鮮奶油取代）
120克｜4盎司
冰的鮮奶油80毫升｜⅓杯

用具
擠花袋套上口徑10釐米｜
⅖吋的圓形擠花嘴

*本書材料中用到以下幾個符號：
「｜」指約等於。例如「奶油150克｜10½大匙」，即奶油150克約等於10½大匙。「口徑10釐米｜½吋」，即口徑10釐米約等於½吋。
「＋」指增加。例如：糖粉250克｜2杯＋1大匙，即糖粉250克約等於2杯加1大匙。
「－」指減少。例如：白砂糖85克｜½杯－½大匙，即白砂糖85克約等於½杯減少½大匙。

製作馬卡龍餅乾

1 …杏仁粉、糖粉一同放入食物調理機磨成更細的粉末，再用濾網去除其中較粗大的顆粒，這個步驟很重要。½個蛋白放入一個攪拌圓盆中，打至起泡沫。

2 …將6個蛋白放入一個乾淨且沒有沾附水分的攪拌圓盆中，用電動打蛋器打至發泡。等蛋白產生泡沫後，先加入⅓量的白砂糖，繼續打至糖完全溶解，再加入⅓量的白砂糖，繼續打1分鐘，最後加入剩下的白砂糖再打1分鐘。用橡皮刮刀將混合了的杏仁粉和糖粉，輕柔地以從底部翻拌上來的方式，和剛才打好的蛋白混合成麵糊。將一開始已經打至起泡沫的½個蛋白加入混合好的麵糊，用輕柔混拌的方式稀釋麵糊。

•••

3 …將麵糊放入已裝好圓形擠花嘴的擠花袋中，烤盤上鋪好烤盤紙，擠出一個個直徑3～4公分｜1¼～1½吋的圓形馬卡龍。輕敲烤盤，使每個馬卡龍麵糊得以充分舒展。在麵糊表面撒上些碎杏仁顆粒。

烤箱以150°C｜300°F預熱。

將馬卡龍麵糊於室溫18～20°C｜64.4～68°F的乾燥場所下擺放10分鐘，使馬卡龍麵糊的表面形成一層不沾手的薄皮再放入烤箱，烘烤至表面有層薄的脆皮形成，約15分鐘。

4 …取出烤盤，用一個小杯子裝一點水，將烘焙紙的每個角落輪流掀起，小心地在紙和烤盤間注入非常少量的水*。水碰到熱烤盤產生的濕氣和蒸氣，可幫助馬卡龍在冷卻後較容易脫落，但注意別注入太多水，否則馬卡龍會過度濕軟。接著，讓馬卡龍完全冷卻再從烤盤紙取下。

5 …將一半的馬卡龍餅乾平面朝上，放置在一個盤子上。

*此處在紙與熱烤盤間倒入水，只是為了要製造水蒸氣幫助馬卡龍脫落，重點在於水不要多到會把馬卡龍弄濕即可。

製作杏仁鮮奶油醬

6 …奶油切成丁狀後放入一個耐熱的圓盆中，把圓盆盛到一個煮著熱水的鍋子上隔水加熱，也可以用微波爐加熱，使奶油軟化成乳霜狀，但要避免讓奶油過熱至融化。

杏仁膏、杏仁漿放入一個大攪拌圓盆內，攪拌以稀釋杏仁膏，再加入冰的鮮奶油和軟化的奶油，用電動打蛋器以高速將所有材料充分混合均勻成杏仁鮮奶油醬。

組合

7 …把杏仁鮮奶油醬放入已裝好擠花嘴的擠花袋中，將平面朝上的馬卡龍餅乾都擠上銅板狀的杏仁奶油醬。拿取剩下的另一半馬卡龍餅乾，覆蓋在擠好的杏仁鮮奶油醬上。

8 …將馬卡龍裝到密封的容器中，放入冰箱冷藏12小時之後再食用，風味最佳。

主廚的小提醒

許多原因會導致馬卡龍外表龜裂，可能是材料、烤箱或攪拌的方式。不論原因如何，不要氣餒！請相信馬卡龍有無龜裂都是一樣美味。只要多練習幾次，你一定會成功地做出美麗、外表光滑的馬卡龍。

我強力建議做好的馬卡龍要放置在冰箱內隔夜。這段期間內材料之間會互相起變化，使得味道更為精煉，口感更為細緻。

份量：約50個　準備時間：2小時　烘焙時間：每次12～15分鐘
靜置時間：巧克力甘納許1小時＋馬卡龍10分鐘～1小時＋可食用至少12小時

Macarons Chocolat

巧克力馬卡龍

巧克力甘納許

黑巧克力（可可含量至少70%）
290克｜10盎司
鮮奶油270毫升｜1杯＋2大匙
奶油60克｜4大匙

馬卡龍餅乾

杏仁粉260克｜2¾杯
糖粉250克｜2杯＋1大匙
無糖可可粉15克｜2¾大匙
黑巧克力（可可含量至少70%）
65克｜2盎司
蛋白180克｜約6個
＋15克｜約½個
白砂糖 210克｜1杯＋1大匙

用具

擠花袋套上口徑10釐米｜
2/5吋的圓形擠花嘴

製作巧克力甘納許

1 …將黑巧克力放在砧板上用刀切碎，裝到一個攪拌圓盆中。鮮奶油倒入另一個鍋裡煮沸，然後分3次倒在黑巧克力上，每次加入鮮奶油都得以木匙充分混合、攪拌均勻。

2 …奶油切成小塊拌入巧克力鮮奶油中，混合至滑順為止，即成巧克力甘納許。隨後倒入一個淺盤中，蓋上保鮮膜，保鮮膜要緊貼著巧克力甘納許表面。讓巧克力甘納許於室溫下冷卻，再放入冰箱冷藏1小時，使其濃度變成厚實濃密。

*本書中使用到的單位：克（g）、盎司（oz）、公斤（kg）、磅（lbs）、杯（cup）、小匙（tsp）、大匙（tbsp）、毫升（ml）、公升（l）、品脫（pint）、夸脫（quart）、釐米（mm）、公分（cm）、吋（inch）、攝氏（°C）、華氏（°F）等等。

•••

製作馬卡龍餅乾

3 …杏仁粉、糖粉一同放入食物調理機磨成更細的粉末，再用濾網去除其中較粗大的顆粒，這個步驟很重要。

4 …巧克力放入一個耐熱的圓盆，把圓盆盛到一個煮著熱水的鍋子上隔水加熱，也可以用微波爐加熱，將巧克力融化加熱至微溫（約35°C｜95°F）。½個蛋白放入一個攪拌圓盆中，打至起泡沫。

將6個蛋白放入一個乾淨且沒有沾附水分的攪拌圓盆中，用電動打蛋器打至發泡。等蛋白產生泡沫後，先加入⅓量的白砂糖，繼續打至糖完全溶解，再加入⅓量的白砂糖，繼續打1分鐘，最後加入剩下的白砂糖再打1分鐘。把融化的巧克力倒入打好的蛋白裡，用橡皮刮刀大約混合後立即加入杏仁粉、糖粉、可可粉混合，再輕柔地以從底部翻拌上來的方式混合。將一開始已經打至起泡沫的½個蛋白加入混合好的麵糊，用輕柔混拌的方式稀釋麵糊。

5 …將麵糊放入已裝好圓形擠花嘴的擠花袋中，烤盤上鋪好烤盤紙，擠出一個個直徑3～4公分｜1¼～1½吋的圓形馬卡龍。輕敲烤盤，使每個馬卡龍麵糊得以充分舒展。

烤箱以150°C｜300°F預熱。

將馬卡龍麵糊於室溫18～20°C｜64.4～68°F的乾燥場所下擺放10分鐘，使馬卡龍麵糊的表面形成一層不沾手的薄皮再放入烤箱，烘烤至表面有層薄的脆皮形成，約15分鐘。

6 …取出烤盤，用一個小杯子裝一點水，將烘焙紙的每個角落輪流掀起，小心地在紙和烤盤間注入非常少量的水。水碰到熱烤盤產生的濕氣和蒸氣，可幫助馬卡龍在冷卻後較容易脫落，但注意別注入太多水，否則馬卡龍會過度濕軟。接著，讓馬卡龍完全冷卻再從烤盤紙取下。

7 …將一半的馬卡龍餅乾平面朝上，放置在一個盤子上。

組合

8 …當巧克力甘納許達到濃密的濃度時，放入已裝好擠花嘴的擠花袋中，將平面朝上的馬卡龍餅乾都擠上銅板狀的巧克力甘納許。拿取剩下的另一半馬卡龍餅乾，覆蓋在擠好的巧克力甘納許上。

9 …將馬卡龍裝到密封的容器中，放入冰箱冷藏12小時之後再食用，風味最佳。

份量：約50個　準備時間：2小時30分鐘　烘焙時間：每次12～15分鐘
靜置時間：檸檬奶油醬一晚＋馬卡龍10分鐘～1小時＋可食用至少12小時

Macarons Citron

檸檬馬卡龍

檸檬奶油醬

白砂糖160克｜¾杯＋1大匙
檸檬皮屑1顆份量5克｜2小匙
玉米澱粉5克｜2小匙
全蛋150克｜約3個
檸檬汁100毫升｜½杯
奶油（已軟化）235克｜1杯

馬卡龍餅乾

杏仁粉275克｜2¾杯＋1大匙
糖粉250克｜2杯＋1大匙
蛋白180克｜約6個
＋15克｜約½個
白砂糖210克｜1杯＋1大匙
黃色食用色素數滴或者色膏少許

用具

擠花袋套上口徑10釐米｜⅖吋的圓形擠花嘴

製作檸檬奶油醬

1 …先在前一日製作好檸檬奶油醬。
將白砂糖、檸檬皮屑放入攪拌圓盆裡混合，加入玉米澱粉，然後一次加入1個全蛋地混合，最後加入檸檬汁混合成檸檬醬。
將檸檬醬倒入鍋中以小火加熱，邊加熱邊用橡皮刮刀攪拌，直至冒泡狀態並且開始變得濃稠。

2 …離火，讓檸檬醬稍微冷卻10分鐘，這時醬應還是熱的但不過燙（溫度約在60°C｜140°F），加入軟化的奶油，使用手持式攪拌棒*或食物調理機將奶油和檸檬醬充分混合均勻。
裝入一個密封容器內，放入冰箱冷藏至少12小時，讓檸檬奶油醬變得濃稠厚重。

*手持式攪拌棒（Immersion Blender），又稱食物調理棒、均質機。

…

製作馬卡龍餅乾

3 …杏仁粉、糖粉一同放入食物調理機磨成更細的粉末，再用濾網去除其中較粗大的顆粒，這個步驟很重要。½個蛋白放入一個攪拌圓盆中，打至起泡沫。

4 …將6個蛋白放入一個乾淨且沒有沾附水分的攪拌圓盆中，用電動打蛋器打至發泡。等蛋白產生泡沫後，先加入⅓量的白砂糖，繼續打至糖完全溶解，再加⅓量的白砂糖，繼續打1分鐘，最後加入剩下的白砂糖再打1分鐘。用橡皮刮刀將混合了的杏仁粉和糖粉，輕柔地以從底部翻拌上來的方式，和剛才打好的蛋白混合成麵糊，接著加入足夠的食用色素使麵糊上色。將一開始已經打至起泡沫的½個蛋白加入混合好的麵糊，用輕柔混拌的方式稀釋麵糊。

5 …將麵糊放入已裝好圓形擠花嘴的擠花袋中，烤盤上鋪好烤盤紙，擠出一個個直徑3～4公分｜1¼～1½吋的圓形馬卡龍。輕敲烤盤，使每個馬卡龍麵糊得以充分舒展。

烤箱以150°C｜300°F預熱。

將馬卡龍麵糊於室溫18～20°C｜64.4～68°F的乾燥場所下擺放10分鐘，使馬卡龍麵糊的表面形成一層不沾手的薄皮再放入烤箱，烘烤至表面有層薄的脆皮形成，約15分鐘。

6 …取出烤盤，用一個小杯子裝一點水，將烘焙紙的每個角落輪流掀起，小心地在紙和烤盤間注入非常少量的水。水碰到熱烤盤產生的濕氣和蒸氣，可幫助馬卡龍在冷卻後較容易脫落，但注意別注入太多水，否則馬卡龍會過度濕軟。接著，讓馬卡龍完全冷卻再從烤盤紙取下。

7 …將一半的馬卡龍餅乾平面朝上，放置在一個盤子上。

組合

8 …將檸檬奶油醬放入已裝好擠花嘴的擠花袋中，將平面朝上的馬卡龍餅乾都擠上銅板狀的檸檬奶油醬。拿取剩下的另一半馬卡龍餅乾，覆蓋在擠好的檸檬奶油醬上。

9 …將馬卡龍裝到密封的容器中，放入冰箱冷藏12小時之後再食用，風味最佳。

份量：約50個　準備時間：2小時　烘焙時間：每次12～15分鐘
靜置時間：10分鐘～1小時＋可食用至少12小時

Macarons Framboise

覆盆子馬卡龍

覆盆子果醬

白砂糖230克｜1杯＋2大匙
無糖果膠粉1小匙
檸檬½顆
新鮮覆盆子375克｜3杯

馬卡龍餅乾

杏仁粉275克｜2¾杯＋1大匙
糖粉250克｜2杯＋1大匙
蛋白180克｜約6個
＋15克｜約½個
白砂糖210克｜1杯＋1大匙
紅色食用色素數滴或者色膏少許

用具

擠花袋套上口徑10釐米｜⅖吋的圓形擠花嘴

製作覆盆子果醬

1 …將白砂糖和果膠粉放入一大圓盆中混合。擠好檸檬汁。
將覆盆子放入一個鍋中，用手持式攪拌棒打成果泥。用小火加熱果泥至微溫，倒入白砂糖、果膠粉和檸檬汁後改成中火，煮至沸騰後再多煮2分鐘。

2 …把果醬倒至另一個圓盆裡，蓋上保鮮膜，放到完全冷卻後移至冰箱冷藏。

製作馬卡龍餅乾

3 …杏仁粉、糖粉一同放入食物調理機磨成更細的粉末，再用濾網去除其中較粗大的顆粒，這個步驟很重要。½個蛋白放入一個攪拌圓盆中，打至起泡沫。

…

4 …將6個蛋白放入一個乾淨且沒有沾附水分的攪拌圓盆中，用電動打蛋器打至發泡。等蛋白產生泡沫後，先加入1/3量的白砂糖，繼續打至糖完全溶解，再加1/3量的白砂糖，繼續打1分鐘，最後加入剩下的白砂糖再打1分鐘。用橡皮刮刀將混合了的杏仁粉和糖粉，輕柔地以從底部翻拌上來的方式，和剛才打好的蛋白混合成麵糊，接著加入足夠的食用色素使麵糊上色。將一開始已經打至起泡沫的½個蛋白加入混合好的麵糊，用輕柔混拌的方式稀釋麵糊。

5 …將麵糊放入已裝好圓形擠花嘴的擠花袋中，烤盤上鋪好烤盤紙，擠出一個個直徑3～4公分｜1¼～1½吋的圓形馬卡龍。輕敲烤盤，使每個馬卡龍麵糊得以充分舒展。

烤箱以150°C｜300°F預熱。

將馬卡龍麵糊於室溫18～20°C｜64.4～68°F的乾燥場所下擺放10分鐘，使馬卡龍麵糊的表面形成一層不沾手的薄皮再放入烤箱，烘烤至表面有層薄的脆皮形成，約15分鐘。

6 …取出烤盤，用一個小杯子裝一點水，將烘焙紙的每個角落輪流掀起，小心地在紙和烤盤間注入非常少量的水。水碰到熱烤盤產生的濕氣和蒸氣，可幫助馬卡龍在冷卻後較容易脫落，但注意別注入太多水，否則馬卡龍會過度濕軟。接著，讓馬卡龍完全冷卻再從烤盤紙取下。

7 …將一半的馬卡龍餅乾平面朝上，放置在一個盤子上。

組合

8 …將覆盆子果醬放入已裝好擠花嘴的擠花袋中，將平面朝上的馬卡龍餅乾都擠上銅板狀的覆盆子果醬。拿取剩下的另一半馬卡龍餅乾，覆蓋在擠好的覆盆子果醬上。

9 …將馬卡龍裝到密封的容器中，放入冰箱冷藏12小時之後再食用，風味最佳。

LES PETITS GÂTEAUX

小蛋糕

份量：8個　準備時間：2小時30分鐘＋基礎食譜時間　烘焙時間：20分鐘
靜置時間：麵糰發酵時間（依環境溫度）

Savarins
薩瓦蘭蛋糕

巴巴麵糰

新鮮酵母12克｜½盎司
常溫的水20克｜2大匙
低筋麵粉250克｜2杯
鹽之花或其他粗顆粒海鹽1小撮
白砂糖15克｜1¼大匙
全蛋200克｜約4個
奶油75克｜5大匙
奶油（抹烤模用）1½大匙

蘭姆酒糖漿

水1公升｜4¼杯
白砂糖 250克｜1¼杯
檸檬（表皮未打蠟）1顆
柳橙（表皮未打蠟）1顆
香草豆莢1根
陳年蘭姆酒（建議使用農業蘭姆酒*）120毫升｜½杯

鮮奶油香堤

鮮奶油香堤（參照基礎食譜p.374）325克｜2¾杯

裝飾

當季水果適量
陳年蘭姆酒125毫升｜½杯

用具

8個薩瓦蘭蛋糕模：直徑7公分｜2¾吋
擠花袋，不套擠花嘴
擠花袋套上口徑10釐米｜⅖吋的星形擠花嘴

製作巴巴麵糰

I ⋯酵母在指間捏碎放入水中，於室溫溶解。
奶油切丁狀，放在室溫軟化。
低筋麵粉、鹽、白砂糖放入一個大的攪拌圓盆中，加入溶解的酵母和2個蛋，用木匙攪拌，直到麵糰成形並且不再附著於圓盆內側。然後加1個蛋，將麵糰揉到再度成形和不再附著圓盆內側後，再加最後1個蛋，並且重複揉麵的動作。接著加入奶油，繼續揉麵糰，同樣揉到麵糰不再黏附於圓盆內側。

*農業蘭姆酒（Agricole Rum），是以蔗糖汁直接製造的蘭姆酒。

•••

2 …用一條濕毛巾或是保鮮膜覆蓋住裝著麵糰的圓盆，讓麵糰在室溫（約18～20°C｜64.4～68°F）發酵膨脹為原來的2倍大小，約1小時。

3 …烤箱以170°C｜340°F 預熱。
烤模內側塗抹奶油。麵糰放入沒套上擠花嘴的擠花袋中，把麵糰擠入一個個烤模中，擠至模型一半高度，讓麵糰在烤模裡發酵膨脹至填滿烤模，然後放入烤箱烘烤20分鐘。

製作蘭姆酒糖漿

4 …水和白砂糖倒入一個鍋子。用削皮刀把檸檬和柳橙的表皮薄薄地削下一層（避免削到皮白色的部分），再榨汁。用銳利的刀將香草豆莢縱向切開，以刀尖刮出香草籽。將檸檬皮、柳橙皮、檸檬汁、柳橙汁、香草豆莢、香草籽加入裝了水和糖的鍋中煮沸，離火。用濾網把固體過濾掉，加入蘭姆酒拌勻成糖漿。

5 …將糖漿倒入一個可放入所有薩瓦蘭蛋糕的淺盤。把蛋糕放入糖漿中，要翻動，讓蛋糕兩面都充分吸取糖漿。把一個涼架架在大盤子或是有深度的烤盤上，蛋糕放在涼架上。把蛋糕沾剩的糖漿倒回鍋中加熱，再將熱糖漿來回澆淋在蛋糕上，讓蛋糕放涼。

組合

6 …將薩瓦蘭蛋糕盛裝到盤子裡，大方地淋上蘭姆酒。將鮮奶油香堤放入已裝好星形擠花嘴的擠花袋中，在蛋糕表面擠上鮮奶油花，再以新鮮水果裝飾。

主廚的小提醒

如果有站立式攪拌器的話，可裝上勾狀麵糰專用接頭來製作巴巴麵糰。麵糰材料的混合至麵糰初步成型的動作，也可以使用食物調理機代勞。

份量：8個　準備時間：2小時＋基礎食譜時間　烘焙時間：30分鐘
靜置時間：1½小時＋基礎食譜時間

Barquettes aux Marrons

船型栗子塔

杏仁甜塔皮
麵糰（參照基礎食譜p.356）
200克｜7盎司
奶油（抹烤模用）
20克｜2大匙
中筋麵粉（防沾手粉用）
20克｜2½大匙

杏仁奶油醬
杏仁奶油醬（參照基礎食譜p.372）
150克｜5盎司

栗子鮮奶油醬
奶油100克｜7大匙
栗子膏200克｜7盎司
黑蘭姆酒1大匙
鮮奶油40毫升｜2½大匙

組合
黑蘭姆酒2大匙
碎栗子顆粒80克｜3盎司

牛奶巧克力淋醬
牛奶巧克力125克｜4½盎司
鮮奶油75毫升｜⅓杯

用具
8個船型烤模：9×4公分｜3½×1½吋
擠花袋套上口徑10釐米｜⅖吋的圓形擠花嘴
擠花袋套上口徑3釐米｜⅛吋的星形擠花嘴
擀麵棍
甜點毛刷

製作杏仁甜塔皮

1 …參照基礎食譜p.356，先在前一日製作好杏仁甜塔皮麵糰。
隔日，奶油放入鍋中以小火加熱融化，塗抹於烤模內側後放入冰箱冷藏。

2 …將麵糰放在撒上中筋麵粉的桌面上，擀成2釐米｜1/10吋厚的薄片，然後鋪在烤模裡。取一小塊麵糰，沾滿麵粉後捏著它推壓鋪在烤模裡的塔皮，直到塔皮服貼地鋪滿烤模內側。用擀麵棍滾壓烤模上緣，切斷滿出烤模的多餘塔皮。將鋪好塔皮的烤模放入冰箱冷藏1小時。

…

製作杏仁奶油醬

3 …烤箱以170°C｜340°F預熱。

參照基礎食譜p.372製作杏仁奶油醬。

將杏仁奶油醬放入已裝好圓形擠花嘴的擠花袋中，把醬擠到烤模裡，填滿到距烤模上緣2釐米｜1/10吋高的地方。放入烤箱烘烤約30分鐘，烤至呈金黃色。

從烤箱取出，完全放涼後脫模。

製作栗子鮮奶油醬

4 …奶油切成丁狀後放入一個耐熱的圓盆中，把圓盆盛到一個煮著熱水的鍋子上隔水加熱，也可以用微波爐加熱，使奶油軟化成乳霜狀，但避免讓奶油過熱至融化。

5 …將栗子膏放入一個大的攪拌圓盆中攪拌至滑順，加入黑蘭姆酒、軟化奶油。電動攪拌器裝上片狀攪拌接頭，以高速充分攪拌至乳霜狀後，倒入鮮奶油混合均勻，接著立刻組合船型塔。

組合

6 …用甜點毛刷在烤好的杏仁奶油醬上刷黑蘭姆酒，以奶油抹刀或刮刀在杏仁奶油醬上抹上少量栗子鮮奶油醬，在每個塔上放3～4顆栗子的碎顆粒。然後，再用抹刀盛更多栗子鮮奶油醬到塔上，並抹成有明顯縱向隆起線的船型，放入冰箱冷凍30分鐘。

製作牛奶巧克力淋醬

7 …將牛奶巧克力在砧板上用刀切碎，裝到一個攪拌圓盆中。
鮮奶油放入鍋中煮到沸騰後倒在巧克力上，小心地攪拌至巧克力融化，放涼到微溫，用抹刀把塔表面都覆蓋上一層巧克力醬。
將剩下的栗子鮮奶油醬放入已裝好星形擠花嘴的擠花袋中，在塔上的隆起線上，擠一條細線裝飾。

份量：10個　準備時間：1小時15分鐘＋基礎食譜時間　烘焙時間：40分鐘　靜置時間：2小時

Éclairs Vanille

香草閃電泡芙

泡芙表層用的甜酥皮

冰的奶油100克｜7大匙
奶油（抹烤盤用）
20克｜1½大匙
低筋麵粉125克｜1杯
白砂糖125克｜½杯＋2大匙
香草精幾滴或者香草粉1小撮

輕卡士達醬

卡士達醬（參照基礎食譜p.370）
600克｜5杯
鮮奶油125克｜½杯

閃電泡芙

麵糰（參照基礎食譜p.366），
使用全量
奶油（抹烤盤用）20克｜1½大匙

裝飾

糖粉適量

用具

擠花袋套上口徑10釐米｜
2/5吋的圓形擠花嘴
擠花袋套上口徑3釐米｜
1/8吋的圓形擠花嘴
擀麵棍

製作泡芙表層用的甜酥皮

1 …冰的奶油切成丁狀。將冰的奶油、低筋麵粉、白砂糖、香草精放入一個攪拌圓盆中混合均勻。若有站立式攪拌器的話，可使用片狀攪拌接頭混合成麵糰。放入冰箱冷藏1小時。

2 …將麵糰放在2張烘焙紙之間，擀成1釐米厚的薄片麵皮。
用平盤裝擀好的麵皮（連同上下層的烘焙紙），放入冰箱冷藏1小時，直到麵皮變硬。拿掉上層的烘焙紙，將麵皮切成12×2公分｜5×¾吋的長方條，共10條。
保留鋪在底下的烘焙紙，這樣等會要將麵皮一片片地放在各個閃電泡芙上時，比較容易操作。把麵皮放回冰箱冷藏。

…

製作卡士達醬

3 …參照基礎食譜p.370製作卡士達醬，放入冰箱冷藏。

製作閃電泡芙

4 …參照基礎食譜p.366製作泡芙麵糰。
烤箱以180°C｜350°F預熱。
將麵糰放入已裝好10釐米｜2/5吋圓形擠花嘴的擠花袋中，在抹過奶油的烤盤上擠出10條12公分｜5吋的長條麵糰。在每條擠好的麵糰表面，擺放一片甜酥皮。

5 …放入烤箱烘烤8～10分鐘後，當麵糰已經膨脹時，烤箱門打開約2～3釐米｜1/8吋的小隙縫幫助排放水蒸氣。烤箱保持開著細縫來烘烤閃電泡芙30分鐘，烤至呈金黃色（可在烤箱門上夾一根木頭湯匙保留隙縫）。
從烤箱取出閃電泡芙，放到涼架上待涼。

製作輕卡士達醬

6 …鮮奶油放在冰箱冷藏至要使用時才取出，同時放一個大的攪拌圓盆到冷凍庫冰。將冰的鮮奶油倒至冰的攪拌圓盆中，用打蛋器使勁地打至濃稠堅挺。另取一個攪拌圓盆放冷藏過的卡士達醬，用打蛋器攪拌至滑順，化開任何凝結的硬塊。用橡皮刮刀把打發的鮮奶油輕輕地拌入卡士達醬內，混合成輕卡士達醬。

填餡和裝飾

7 …用8釐米｜1/3吋圓形擠花嘴的尖端在閃電泡芙的底部（鋪有甜酥皮的那面為表面）戳3個小洞：一個在泡芙的正中間，另外兩個洞分別戳在離兩個尾端2公分｜3/4吋的地方。將輕卡士達醬放入已裝好8釐米｜1/3吋圓形擠花嘴的擠花袋中，從戳好的小洞注入醬，然後在表面撒些許糖粉裝飾。

份量：10個　準備時間：1小時15分鐘＋基礎食譜時間　烘焙時間：40分鐘
靜置時間：30分鐘

Éclairs Chocolat

巧克力閃電泡芙

閃電泡芙

麵糰（參照基礎食譜p.366），使用全量
奶油（抹烤盤用）20克｜1½大匙

巧克力卡士達醬

卡士達醬（參照基礎食譜p.370）450克｜3¾杯
黑巧克力（可可含量至少70%）
120克｜4盎司
全脂牛奶200毫升｜¾杯＋1½大匙

巧克力翻糖*

淋醬用白翻糖200克｜7盎司
黑巧克力（可可含量至少80%）70克｜2½盎司
水1大匙
白砂糖60克｜⅓杯

用具

擠花袋套上口徑10釐米｜⅖吋的圓形擠花嘴
擠花袋套上口徑8釐米｜⅓吋的圓形擠花嘴

*本書中的翻糖多為淋醬用翻糖（Pouring Fondant），它異於覆蓋在蛋糕上裝飾蛋糕用的翻糖（Rolled Fondant）。淋醬用翻糖為濃稠膏狀，一般會稀釋和（或）加熱後淋在糕點上做裝飾；覆蓋蛋糕用的翻糖則為麵糰狀，通常用擀麵棍擀成薄皮後直接覆蓋在蛋糕上。兩者的主要成分類似，但使用方式大不同。

製作卡士達醬

1 …參照基礎食譜p.370製作卡士達醬，放入冰箱冷藏。

製作閃電泡芙

2 …參照基礎食譜p.366製作泡芙麵糰。
烤箱以180°C｜350°F預熱。
將麵糰放入已裝好10釐米｜⅖吋圓形擠花嘴的擠花袋中，在抹過奶油的烤盤上擠出10條12公分｜5吋的長條麵糰。

3 …放入烤箱烘烤8～10分鐘後，當麵糰已經膨脹時，烤箱門打開約2～3釐米｜⅛吋的小隙縫幫助排放水蒸氣。烤箱保持開著細縫來烘烤閃電泡芙30分鐘，烤至呈金黃色（可在烤箱門上夾一根木頭湯匙保留隙縫）。從烤箱取出閃電泡芙，放到涼架上待涼。

•••

製作巧克力卡士達醬

4 …取出冷藏的卡士達醬，放入一個攪拌圓盆中，用打蛋器攪拌至滑順並且化開任何凝結的硬塊。

將黑巧克力放在砧板上用刀切碎，裝到一個攪拌圓盆中。牛奶倒入另一個鍋裡煮沸，然後倒在黑巧克力上，攪拌混合。再次把卡士達醬攪拌至滑順後，加入牛奶和黑巧克力的混合液（甘納許）中拌勻，放入冰箱冷藏凝固。

填餡

5 …用8釐米｜1/3吋圓形擠花嘴的尖端在閃電泡芙的底部戳3個小洞：一個在泡芙的正中間，另外兩個洞分別戳在離兩個尾端2公分｜3/4吋的地方。將巧克力卡士達醬放入已裝好8釐米｜1/3吋圓形擠花嘴的擠花袋中，從戳好的小洞注入醬。

製作巧克力翻糖

6 …將淋醬用白翻糖裝到一個耐熱的圓盆中，把圓盆盛到一個煮著熱水的鍋子上隔水加熱，不時地攪拌讓翻糖軟化。

將黑巧克力放在砧板上用刀切碎，裝到另一個攪拌圓盆中。當翻糖變溫熱時，離火，換成把裝巧克力的圓盆盛到煮著水的鍋子上隔水加熱融化。

另取一個鍋子，放入水、白砂糖加熱至沸騰，煮成糖漿。

把融化的巧克力加入軟化的翻糖中混合，再加入糖漿攪拌至滑順。

7 …把閃電泡芙的表面浸入巧克力翻糖沾取翻糖，沾糖面朝上放，放涼。

主廚的小提醒

閃電泡芙應提前做好，這樣泡芙與卡士達醬間互起的變化，會使泡芙的口感更佳。

份量：25～30個　準備時間：1小時15分鐘＋基礎食譜時間　烘焙時間：每次40分鐘

Choux à la Rose

玫瑰泡芙

泡芙

麵糰（參照基礎食譜p.366），使用全量

奶油（抹烤盤用）20克｜1½大匙

玫瑰卡士達醬

卡士達醬（參照基礎食譜p.370）400克｜3⅓杯

食用天然玫瑰花露1大匙

玫瑰糖漿2大匙

食用天然玫瑰精油3滴

玫瑰翻糖

白巧克力80克｜3盎司

淋醬用白翻糖120克｜4盎司

玫瑰糖漿5大匙

食用天然玫瑰精油4滴

紅色食用色素幾滴或者色膏少許

裝飾

覆盆子20～30顆

鮮奶油香堤（參照基礎食譜p.374）適量

用具

擠花袋套上口徑10釐米｜⅖吋的圓形擠花嘴

擠花袋套上口徑8釐米｜⅓吋的圓形擠花嘴

隨意準備星形擠花嘴

製作卡士達醬

1 …參照基礎食譜p.370製作卡士達醬，放入冰箱冷藏。

製作泡芙

2 …參照基礎食譜p.366製作泡芙麵糰。

烤箱以180°C｜350°F預熱。

將麵糰放入已裝好10釐米｜⅖吋圓形擠花嘴的擠花袋中，在抹過奶油的烤盤上擠出25～30個直徑4公分｜1½吋的圓球形麵糰，每個麵糰間空適當距離。

…

3 …放入烤箱烘烤8～10分鐘後，當麵糰已經膨脹時，烤箱門打開約2～3釐米｜1/8吋的小隙縫幫助排放水蒸氣。烤箱保持開著細縫來烘烤泡芙30分鐘，烤至呈金黃色（可在烤箱門上夾一根木頭湯匙保留隙縫）。

從烤箱取出泡芙，放到涼架上待涼。

製作玫瑰卡士達醬

4 …取出冷藏的卡士達醬放入一個攪拌圓盆中，用打蛋器攪拌至滑順並且化開任何凝結的硬塊，然後加入玫瑰露、玫瑰糖漿、天然玫瑰精油拌勻。

填餡

5 …用8釐米｜1/3吋圓形擠花嘴的尖端在每個泡芙的底部戳一個小洞。將玫瑰卡士達醬放入已裝好8釐米｜1/3吋圓形擠花嘴的擠花袋中，從戳好的小洞注入醬。

製作玫瑰翻糖

6 …將白巧克力裝到一個耐熱的圓盆中，圓盆盛到一個煮著熱水的鍋子上隔水加熱，或是用微波爐以中小火融化。另取一個鍋子，放入淋醬用白翻糖、玫瑰糖漿、精油，稍微加熱後加入融化的白巧克力，倒入適量的紅色食用色素染色，攪拌至滑順。

裝飾

7 …把泡芙的表面浸入玫瑰翻糖沾取翻糖，沾糖面朝上放。將鮮奶油香堤放入已裝好星形擠花嘴的擠花袋中，擠在泡芙表面，放上覆盆子裝飾。等翻糖凝固後放入冰箱冷藏。

份量：25個　準備時間：1小時15分鐘＋基礎食譜時間　烘焙時間：40分鐘

Salambos à la Pistache

開心果薩隆布泡芙

泡芙

麵糰（參照基礎食譜p.366），使用全量

奶油（抹烤盤用）20克｜1½大匙

開心果卡士達醬

卡士達醬（參照基礎食譜p.370）400克｜3⅓杯

開心果膏25克｜1½大匙

開心果翻糖

淋醬用白翻糖125克｜4½盎司

水1大匙

開心果膏30克｜2大匙

白巧克力80克｜3盎司

裝飾

去殼開心果25顆

用具

擠花袋套上口徑10釐米｜⅖吋的圓形擠花嘴

擠花袋套上口徑8釐米｜⅓吋的圓形擠花嘴

製作卡士達醬

1 … 參照基礎食譜p.370製作卡士達醬，放入冰箱冷藏。

製作泡芙

2 … 參照基礎食譜p.366製作泡芙麵糰。

烤箱以180°C｜350°F預熱。

將麵糰放入已裝好10釐米｜⅖吋圓形擠花嘴的擠花袋中，在抹過奶油的烤盤上擠出25條6公分｜2⅓吋的長條麵糰，每個麵糰間空適當距離。

3 …放入烤箱烘烤8～10分鐘後，當麵糰已經膨脹時，烤箱門打開約2～3釐米｜1/8吋的小隙縫幫助排放水蒸氣。烤箱保持開著細縫來烘烤泡芙30分鐘，烤至呈金黃色（可在烤箱門上夾一根木頭湯匙保留隙縫）。

從烤箱取出泡芙，放到涼架上待涼。

製作開心果卡士達醬

4 …取出冷藏的卡士達醬放入一個攪拌圓盆中，用打蛋器攪拌至滑順並且化開任何凝結的硬塊，然後加入開心果膏混合均勻。

填餡

5 …用8釐米｜1/3吋圓形擠花嘴的尖端在每個泡芙的底部戳一個小洞。將開心果卡士達醬放入已裝好8釐米｜1/3吋圓形擠花嘴的擠花袋中，從戳好的小洞注入醬。

製作開心果翻糖

6 …將白巧克力裝到一個耐熱的圓盆中，圓盆盛到一個煮著熱水的鍋子上隔水加熱，或是用微波爐以中小火融化。另取一個鍋子，放入淋醬用白翻糖和水，稍微加熱後倒入融化的白巧克力、開心果膏，攪拌至滑順。

裝飾

7 …把泡芙的表面浸入開心果沾取翻糖，沾糖面朝上放，以開心果裝飾。等翻糖凝固後放入冰箱冷藏。

主廚的小提醒

若是開心果膏加入翻糖後不顯色的話，可使用2～3滴綠色食用色素（或將綠色粉溶於水中使用）調整顏色。

L

Millefeuilles Fraise ou Framboise

草莓或覆盆子千層派

焦糖千層酥皮

麵糰（參照p.362基礎食譜）約600克

香草慕斯琳奶油醬

奶油125克｜9大匙

香草豆莢1根

全脂牛奶250毫升｜1杯＋1大匙

蛋黃40克｜約2個

白砂糖75克｜1/3杯＋1大匙

玉米澱粉25克｜3大匙

其他

草莓或覆盆子500克｜18盎司

裝飾

糖粉適量

用具

擠花袋套上口徑10釐米｜2/5吋的圓形擠花嘴

製作焦糖千層酥皮

1 …參照基礎食譜p.362製作焦糖千層酥皮麵糰，做成可以切24個9×5公分｜3½×2吋長方形的大小。

製作香草慕斯琳奶油醬

2 …從冰箱取出奶油，放在室溫軟化。

用銳利的刀將香草豆莢縱向切開，以刀尖刮出香草籽。將牛奶、香草豆莢、香草籽一同放入小鍋中煮至即將沸騰，離火，立刻蓋上鍋蓋，讓它浸漬15分鐘使其出味。

●‥

3 …將蛋黃、白砂糖放入一個攪拌圓盆中，用打蛋器打至顏色變淡時，加入玉米澱粉混合。將香草豆莢從牛奶中撈出，牛奶放回爐子上加熱至即將沸騰。接著，將⅓量的熱牛奶倒入蛋黃的混合液裡（為了調溫），用打蛋器充分攪拌混合，再將混合好的奶蛋液全部倒回鍋中加熱。邊加熱邊用打蛋器攪拌，不時地用橡皮刮刀刮鍋子內側，煮至沸騰，即成卡士達醬。

4 …卡士達醬煮好後離火，放置冷卻10分鐘，等沒有那麼滾燙時再加入一半的奶油混合。隨後倒入一個大淺盤中，蓋上保鮮膜，放涼。

5 …草莓（或覆盆子）洗淨，在布巾上攤開瀝乾水分，去掉蒂頭後對切。

完成香草慕斯琳奶油醬和組合

6 …把準備好的焦糖千層酥皮切成24個9×5公分｜3½×2吋的長方形。
先前製作的香草慕斯琳奶油醬這時應該已放涼到室溫，如果仍有微溫的話，放入冰箱10分鐘讓它涼透。
慕斯琳奶油醬放入一個攪拌圓盆中，用電動打蛋器打到滑順，加入剩下的另一半奶油，繼續打至完全混合且質感滑順。

7 …將香草慕斯琳奶油醬放入已裝好圓形擠花嘴的擠花袋中，在8張長方形酥皮上擠一層醬，擺上草莓（或覆盆子）後再擠一層醬，小心地蓋上第二層酥皮，重複上述動作疊好第二層，將做好的千層派放入冰箱冷藏。

8 …食用時，可以搭配果泥醬（參照p.382、p.384）、冰淇淋或是鮮奶油香堤（參照p.374），當然也可以如照片中，撒入些許糖粉後食用。

Plaisirs Gourmands

布里歐果曼

泡芙
麵糰（參照基礎食譜p.366），使用全量
奶油（抹烤盤用）20克｜1½大匙
碎杏仁顆粒100克｜1杯

輕卡士達醬
卡士達醬（參照基礎食譜p.370）500克｜4杯
鮮奶油100克｜½杯－1大匙

鮮奶油香堤
鮮奶油香堤（參照基礎食譜p.374）
300克｜2½杯

草莓750克｜26½盎司
或者覆盆子500克｜17½盎司

裝飾
糖粉適量

用具
擠花袋套上口徑8釐米｜⅓吋的圓形擠花嘴
擠花袋套上口徑14釐米｜½吋的圓形擠花嘴
擠花袋套上口徑10釐米｜⅖吋的星形擠花嘴

製作卡士達醬

1 …參照基礎食譜p.370製作卡士達醬，放入冰箱冷藏。

製作泡芙

2 …參照基礎食譜p.366製作泡芙麵糰。
烤箱以180°C｜350°F預熱。
將麵糰放入已裝好14釐米｜½吋圓形擠花嘴的擠花袋中，在抹過奶油的烤盤上擠出12條8公分｜3吋的橢圓球狀（像手指餅乾的形狀）麵糰。
在麵糰表面撒上碎杏仁顆粒。

…

3 …放入烤箱烘烤8～10分鐘後，當麵糰已經膨脹時，烤箱門打開約2～3釐米｜1/8吋的小隙縫幫助排放水蒸氣。烤箱保持開著細縫來烘烤泡芙30分鐘，烤至呈金黃色（可在烤箱門上夾一根木頭湯匙保留隙縫）。

從烤箱取出泡芙，放到涼架上待涼。

製作輕卡士達醬

4 …鮮奶油放在冰箱冷藏至要使用時才取出，同時放一個大的攪拌圓盆到冷凍庫冰。將冰的鮮奶油倒至冰的攪拌圓盆中，用打蛋器使勁地打至濃稠堅挺。另取一個攪拌圓盆放冷藏過的卡士達醬，用打蛋器攪拌至滑順，並且化開任何凝結的硬塊。

用橡皮刮刀把打發的鮮奶油輕輕地拌入卡士達醬內，混合成輕卡士達醬。

填餡

5 …參照基礎食譜p.374製作鮮奶油香堤，放入冰箱冷藏。

6 …草莓洗淨，在毛巾上攤開瀝乾水分，去掉蒂頭對切。

7 …在離泡芙表面1/3的地方將泡芙橫向切開，做成蓋子和底座。將輕卡士達醬放入已裝好8釐米｜1/3吋圓形擠花嘴的擠花袋中，在底座擠上一層醬。

8 …把已對切的草莓再切半，擺放在擠好的輕卡士達醬上。

9 …將鮮奶油香堤放入已裝好星形擠花嘴的擠花袋中，在草莓上擠上一層鮮奶油香堤，蓋上蓋子部分，最後撒上些許糖粉裝飾。

份量：一人份的10～12個　準備時間：2小時＋基礎食譜時間　烘焙時間：40分鐘

Paris-Brest Individuels
迷你巴黎——布列斯特泡芙

泡芙
麵糰（參照基礎食譜p.366）
600克｜21盎司
杏仁片70克｜¾杯

焦糖杏仁和榛果
參照p.222果仁糖千層塔，適量

果仁糖慕斯琳奶油醬
參照基礎食譜p.381，使用全量

裝飾
糖粉適量

用具
擠花袋套上口徑10釐米｜⅖吋的圓形擠花嘴
擠花袋套上口徑14釐米｜½吋的星形擠花嘴

製作泡芙

I …烤盤鋪上烘焙紙，在烘焙紙上畫12個直徑7公分｜2¾吋的圓形，每個圓形間要留適當的空隙，當作擠麵糰的原圖。
參照基礎食譜p.366製作泡芙麵糰。
烤箱以180°C｜350°F預熱。
將麵糰放入已裝好星形擠花嘴的擠花袋中，描著烘焙紙上畫好的圓形，擠出圓圈（甜甜圈）狀麵糰。然後以手指輕壓麵糰表面，將麵糰稍微壓扁變寬。
最後撒上杏仁片。

•••

2 …放入烤箱烘烤，烤8～10分鐘後，當麵糰已經膨脹時，烤箱門打開約2～3釐米｜1/8吋的小隙縫幫助排放水蒸氣。烤箱保持開著細縫來烘烤泡芙30分鐘，烤至呈金黃色（可在烤箱門上夾一根木頭湯匙保留隙縫）。

從烤箱取出泡芙圈，放到涼架上待涼。

製作焦糖杏仁與榛果

3 …參照p.222的果仁糖果千層塔，製作焦糖杏仁和榛果。

製作果仁糖慕斯琳奶油醬

4 …參照p.381製作果仁糖慕斯琳奶油醬。

組合

5 …小心地將泡芙圈橫向對半切開，做成蓋子和底座。

將果仁糖慕斯琳奶油醬放入已裝好星形擠花嘴的擠花袋中，在底座擠上薄薄一層醬。在醬上撒上焦糖杏仁和榛果的碎顆粒，接著擠上兩圈果仁糖慕斯琳奶油醬。擠奶油醬的時候要稍微向下施力，讓奶油醬呈現充足飽滿的樣子，然後蓋上蓋子。

最後撒上些許糖粉裝飾，放入冰箱冷藏。

LES DESSERTS GLACÉS ET FRUITÉS

冰品 & 水果甜點

份量：750毫升　準備時間：1小時30分鐘　冰淇淋機＋靜置時間：3小時

Crème Glacée à la Verveine
馬鞭草冰淇淋

新鮮馬鞭草30克｜1盎司
全脂牛奶400毫升｜1⅔杯
鮮奶油250毫升｜1杯＋1大匙
蛋黃120克｜約6個
白砂糖150克｜¾杯
綠色食用色素數滴

用具
冰淇淋機

1 …馬鞭草洗淨後瀝乾，將梗去掉，每片葉片大略切成3等分大小的碎片。將牛奶和約½杯的鮮奶油放到鍋中煮至即將沸騰，離火。加入馬鞭草，蓋上鍋蓋浸泡20分鐘使其入味。

2 …蛋黃、白砂糖放入一個攪拌圓盆中，用打蛋器打至顏色變淡。

3 …將牛奶與鮮奶油的混合液用濾網過濾，去除馬鞭草後放回爐火上，重新加熱至即將沸騰。把⅓量的熱牛奶倒入蛋黃和糖裡（為了調溫），並且用打蛋器充分攪拌混合，再將混合好的奶蛋液全部倒回鍋中，以小火加熱。

…

4 ··· 邊加熱邊用木匙攪拌，直到奶蛋液變濃稠成醬。當醬的濃度可裹覆湯匙，並且手指可在裹覆醬的湯匙背面清楚地畫出一條線（或提起湯匙而醬不會滴落）時表示煮好了。注意：醬絕對不可以煮至沸騰，醬的溫度上限是85°C｜185°F。

5 ··· 奶蛋醬一旦達到理想的濃度，立即離火，加入剩下的鮮奶油降溫，然後整個倒入一個攪拌圓盆中，不停地攪拌5分鐘以保持奶蛋醬口感滑順，然後放入冰箱直到完全冷卻。

6 ··· 將冷卻好的奶蛋醬倒入冰淇淋機的容器內，依照機器的使用說明書做成冰淇淋。
冰淇淋製作完成後，用密封容器裝好，放入冰箱冷凍，溫度設定在-18°C｜0°F以下。

主廚的小提醒

冰淇淋在食用前3小時才放入冰淇淋機製作口感最佳。冰淇淋可在冷凍庫裡保鮮數日，於食用前10分鐘從冷凍庫中取出，讓它稍微軟化。
如同英格蘭奶蛋醬（參照p.376）的製作，在上述做法4中，奶蛋醬若煮過頭會結塊，這是因為其中的蛋黃凝固了的關係。補救方法是利用果汁機或食物調理機把醬快速打至滑順，但不可以打得太久，否則醬會被破壞變稀。

份量：1公升　準備時間：1小時30分鐘　冰淇淋機＋靜置時間：3小時

Glace Pétales de Roses

玫瑰花瓣冰淇淋

全脂牛奶500毫升｜2杯＋2大匙
鮮奶油120毫升｜½杯
玫瑰糖漿70毫升｜3½大匙
食用天然玫瑰花露50毫升｜3⅓大匙
蛋黃160克｜約8個
白砂糖135克｜⅔杯
食用天然玫瑰精油6滴
紅色食用色素數滴

用具
冰淇淋機

1 …將牛奶和鮮奶油倒入鍋中煮至即將沸騰，離火。加入玫瑰糖漿和玫瑰花露。

2 …蛋黃、白砂糖放入一個攪拌圓盆中，用打蛋器打至顏色變淡。將⅓量的熱牛奶倒入蛋黃的混合液裡（為了調溫），並且用打蛋器充分攪拌混合，再將混合好的奶蛋液全部倒回鍋中，以小火加熱。

3 …邊加熱邊用木匙攪拌，直到奶蛋液變濃稠成醬。當醬的濃度可裹覆湯匙，並且手指可在裹覆醬的湯匙背面清楚地畫出一條線（或提起湯匙而醬不會滴落）時表示煮好了。注意：醬絕對不可以煮至沸騰，醬的溫度上限是85°C｜185°F。

4 …奶蛋醬一旦達到理想的濃度，立即離火，整個倒入一個攪拌圓盆降溫，加入少許紅色食用色素，然後不停地攪拌5分鐘，以保持奶蛋醬口感滑順。

加入天然玫瑰精油混合，然後放入冰箱直到完全冷卻。

將冷卻好的奶蛋醬倒入冰淇淋機的容器內，依照機器的使用說明書做成冰淇淋。

冰淇淋製作完成後，用密封容器裝好，放入冰箱冷凍，溫度設定在-18°C｜0°F以下。

份量：8人份　準備時間：15分鐘＋基礎食譜時間　冰淇淋機＋靜置時間：3小時＋1小時

Coupe Glacée Rose Framboise

覆盆子玫瑰冰淇淋聖代

玫瑰花瓣冰淇淋（參照p.72）1公升｜1夸脫
覆盆子雪酪（參照p.76）500毫升｜1品脫
覆盆子果泥醬（參照基礎食譜p.384）125毫升｜½杯
鮮奶油香堤（參照基礎食譜p.374）250克｜2杯
新鮮覆盆子40～50顆

用具
擠花袋套上口徑10釐米｜⅖吋的星形擠花嘴
冰淇淋勺
冰淇淋機

製作冰淇淋、雪酪、果泥醬和鮮奶油香堤

1 …參照p.72、p.76以及基礎食譜p.384，事先將冰淇淋、雪酪、果泥醬做好。
參照基礎食譜p.374，在食用前製作鮮奶油香堤。

盛裝

2 …於每個食用容器裡放2球玫瑰花瓣冰淇淋和1球覆盆子雪酪。
冰淇淋上放5或6顆新鮮覆盆子，再淋上覆盆子果泥醬。
將鮮奶油香堤放入已裝好星形擠花嘴的擠花袋中，在冰淇淋上擠出鮮奶油花。

主廚的小提醒

鮮奶油香堤也可事先準備好，但必須保存在冰箱裡。你也可以事先將冰淇淋和雪酪盛到食用容器裡，冰在冷凍庫中。等到要食用時，只要擺上覆盆子，淋上覆盆子果泥醬和擠上鮮奶油香堤即可。

Sorbet Framboise

覆盆子雪酪

水400毫升｜1⅔杯
白砂糖250克｜1¼杯
檸檬1顆
新鮮覆盆子625克｜5杯
新鮮覆盆子（裝飾用）適量

用具
冰淇淋機

1 …水和白砂糖放到鍋中煮至即將沸騰，離火，放置冷卻。檸檬榨汁。

2 …用果汁機或食物調理機將覆盆子和檸檬汁打成果泥，倒入已經冷卻的糖水中混合。用濾網過濾，邊過濾邊用湯匙擠壓果泥，盡量將果肉壓過濾網保留下來，只去除籽。

3 …將做好的果泥糖漿倒入製冰機的容器內，依照機器的使用說明書做成雪酪。

4 …雪酪製作完成後，用密封容器裝好，放入冰箱冷凍，溫度設定在-18°C｜0°F以下。食用時可搭配新鮮覆盆子。

主廚的小提醒

為了能品嘗到最佳口感，盡可能在食用當日製作雪酪。如果雪酪已經保存在冷凍庫裡，要在食用前10分鐘從冷凍庫中取出，讓它稍微軟化再享用。

份量：1公升　準備時間：1小時　冰淇淋機＋靜置時間：3小時

Sorbet Fromage Blanc

白乳酪雪酪

檸檬（表皮未打蠟）½顆
水300 毫升｜1¼ 杯
白砂糖200克｜1杯
白乳酪，含脂量40%（新鮮乳酪，濃度如同酸奶油或希臘優格）250克｜1杯

用具
冰淇淋機

1 …用削皮刀把檸檬表皮黃色的部分薄薄地削下一層。檸檬搾汁。
將水、白砂糖、檸檬皮放入鍋中煮至沸騰，離火，放涼。蓋上鍋蓋燜10分鐘浸漬使其出味，做成糖漿。接著用濾網過濾，去除雜質，放至冷卻。

2 …將白乳酪放入一個攪拌圓盆中，一點一點地加入冷卻的糖漿，慢慢混合稀釋白乳酪，再加入1大匙的檸檬汁混合。
將做好的白乳酪糊倒入製冰機的容器內，依照機器的使用說明書做成雪酪。
雪酪製作完成後，用密封容器裝好，放入冰箱冷凍，溫度設定在-18°C｜0°F以下。

主廚的小提醒
為了能品嘗到最佳口感，盡可能在食用當日製作雪酪。雪酪可在冷凍庫裡保鮮數日，於食用前10分鐘從冷凍庫中取出，稍微軟化再享用。
這款雪酪搭配紅莓沙拉佐薄荷（參照p.100）風味絕佳。也可以搭配綜合新鮮紅莓（覆盆子、草莓、紅醋栗），或者單一搭配覆盆子或草莓。另外，佐些許紅莓果泥醬（參照p.382、p.384）享用也不錯喔！

份量：8人份　準備時間：15分鐘＋基礎食譜時間　冰淇淋機＋靜置時間：3小時

Coupe Glacée Chocolat Liégeois

巧克力冰淇淋聖代

黑巧克力冰淇淋（參照p.82）1公升｜1夸脫
熱巧克力（參照p.346）250克｜1杯
鮮奶油香堤（參照基礎食譜p.374）250克｜2杯
杏仁片（隨個人喜好）30克｜1/3杯

用具
擠花袋套上口徑10釐米｜2/5吋的星形擠花嘴
冰淇淋勺

主廚的小提醒
鮮奶油香堤也可以事先準備好，但必須要冷藏。此外，也可以事先將黑巧克力冰淇淋盛到食用容器裡，冰在冷凍庫中。等到要食用時，只要淋上熱巧克力，擠上鮮奶油香堤，再撒上烤過的杏仁片即可大快朵頤。

製作黑巧克力冰淇淋、熱巧克力和鮮奶油香堤

1 …參照p.82、p.346，事先將黑巧克力冰淇淋和熱巧克力（要放涼）做好。
參照基礎食譜p.374，在食用前製作鮮奶油香堤。

盛裝

2 …杏仁片稍微烤過。
於每個食用容器裡放2球黑巧克力冰淇淋，淋上3大匙已經放涼的的熱巧克力。
將鮮奶油香堤放入已裝好星形擠花嘴的擠花袋中，在冰淇淋旁邊擠出鮮奶油花。

3 …喜歡的話，可撒上烤過的杏仁片一起享用。

份量：1公升　準備時間：1小時30分鐘　冰淇淋機＋靜置時間：3小時

Glace au Chocolat Noir

黑巧克力冰淇淋

黑巧克力（可可含量至少70%）200克｜7盎司
水100毫升｜½ 杯－1大匙
全脂牛奶500毫升｜2杯＋2大匙
蛋黃60克｜約3個
白砂糖120克｜½ 杯＋2大匙

用具

冰淇淋機

1 …黑巧克力放在砧板上用刀切碎。將水、牛奶倒入鍋中煮至沸騰，離火。

2 …蛋黃、白砂糖放入一個攪拌圓盆中，用打蛋器打至顏色變淡。將⅓量的熱牛奶倒入蛋黃的混合液裡（為了調溫），並且用打蛋器充分攪拌混合，再將混合好的奶蛋液全部倒回鍋中，以小火加熱。

3 …邊加熱邊用木匙攪拌，直到奶蛋液變濃稠成醬。當醬的濃度可裹覆湯匙，並且手指可在裹覆醬的湯匙背面清楚地畫出一條線（或提起湯匙而醬不會滴落）時表示煮好了。注意：醬絕對不可以煮至沸騰，醬的溫度上限是85°C｜185°F。

4 …奶蛋醬一旦達到理想的濃度，立即離火，加入黑巧克力，整個倒入一個攪拌圓盆降溫，然後不停地攪拌5分鐘，以保持奶蛋醬口感滑順。放入冰箱直到完全冷卻。
將冷卻好的奶蛋醬倒入冰淇淋機的容器內，依照機器的使用說明書做成冰淇淋。
冰淇淋製作完成後，用密封容器裝好，放入冰箱冷凍，溫度設定在-18°C｜0°F以下。

Coupe Ladurée

Ladurée聖代

栗子冰淇淋（參照p.86）1公升｜1夸脫
鮮奶油香堤（參照基礎食譜p.374）250克｜2杯
糖漬栗子150克｜5½盎司

用具
擠花袋套上口徑10釐米｜⅖吋的星形擠花嘴
冰淇淋勺

製作栗子冰淇淋和鮮奶油香堤

1 …參照p.86製作栗子冰淇淋。參照基礎食譜p.374，在食用前製作鮮奶油香堤。
將一半的糖漬栗子剁成小塊，另一半則切成細碎塊。

盛裝

2 …於每個食用容器裡放2球栗子冰淇淋，把糖漬栗子小塊加到冰淇淋上。

3 …將鮮奶油香堤放入已裝好星形擠花嘴的擠花袋中，在冰淇淋旁邊擠出鮮奶油花，再擺上糖漬栗子碎塊。

份量：1公升　準備時間：1小時30分鐘　冰淇淋機＋靜置時間：3小時

Glace aux Marrons

栗子冰淇淋

全脂牛奶500毫升｜2杯＋2大匙
鮮奶油190毫升｜¾杯＋1大匙
蛋黃120克｜約6個
白砂糖200克｜1杯
無糖栗子泥240克｜8½盎司
陳年黑蘭姆酒（建議使用農業蘭姆酒）1大匙
糖漬栗子碎100克｜3½盎司

用具
冰淇淋機

1 …將牛奶和約125毫升｜½杯的鮮奶油倒入鍋中煮至沸騰，離火。
蛋黃、白砂糖放入一個攪拌圓盆中，用打蛋器打至顏色變淡。將⅓量的熱牛奶倒入蛋黃的混合液裡（為了調溫），並且用打蛋器充分攪拌混合，再將混合好的奶蛋液全部倒回鍋中，以小火加熱。

2 …邊加熱邊用木匙攪拌，直到奶蛋液變濃稠成醬。當醬的濃度可裹覆湯匙，並且手指可在裹覆醬的湯匙背面清楚地畫出一條線（或提起湯匙而醬不會滴落）時表示煮好了。注意：醬絕對不可以煮至沸騰，醬的溫度上限是85°C｜185°F。

3 …奶蛋醬一旦達到理想的濃度，立即離火，加入剩下的鮮奶油降溫。將栗子泥倒入一個攪拌圓盆中，慢慢地加入奶蛋醬混合稀釋栗子泥，放涼後加入蘭姆酒拌勻。

4 …將完成的奶蛋醬倒入冰淇淋機的容器內，依照機器的使用說明書做成冰淇淋。
冰淇淋製作完成後，用密封容器裝好，放入冰箱冷凍，溫度設定在-18°C｜0°F以下。

Ananas Rôti
焗烤鳳梨

鳳梨1顆
香草豆莢1根
水（煮香草水用）4大匙
水200毫升｜⅓杯＋2大匙
白砂糖125克｜½杯＋2大匙
柳橙汁130毫升｜½杯
蘭姆酒1大匙
香草冰淇淋8人份

1 …鳳梨去皮，以放射狀縱切成6塊，切除芯後排入烤盤。

2 …用銳利的刀將香草豆莢縱向切開，用刀尖刮出香草籽。鍋中放4大匙水，加入香草籽和豆莢煮沸，離火，蓋上鍋蓋燜15分鐘。

3 …烤箱以160°C｜325°F預熱。
將200毫升的水、白砂糖倒入鍋中煮，用木匙攪拌成金黃色焦糖，離火，小心地倒入香草水（去除豆莢），再加入柳橙汁和蘭姆酒混合。

4 ⋯將混合好的糖漿淋在鳳梨上，放入烤箱烘烤1小時45分鐘，烘烤過程中，要不時地用湯匙把糖漿舀起來澆淋在鳳梨上。當鳳梨烤成深琥珀色時，從烤箱取出，在室溫下放涼。

5 ⋯將烤鳳梨切成5釐米｜1/5吋厚的薄片。

鳳梨片可用個別的小盤子或者一個大盤子盛裝，稍微排盤，擺上香草冰淇淋，還可以搭配百香果果泥醬（參照基礎食譜p.385）食用。

Nougat Glacé au Miel
冰凍蜂蜜牛軋糖

冰凍牛軋糖
鮮奶油1公升｜1夸脫
杏仁焦糖牛軋糖（碾平的焦糖杏仁）400克｜14盎司
綜合糖漬水果250克｜1½杯
生的去殼開心果30克｜¼杯
蜂蜜或者綜合花蜜150克｜½杯
蛋白240克｜約8個

覆盆子果泥
覆盆子果泥醬（參照基礎食譜p.384）250毫升｜1杯

裝飾
鮮奶油香堤（參照基礎食譜p.374）適量
覆盆子8顆

用具
8個空心圈形模：直徑7公分｜3吋×高3.5公分｜1½吋
擠花袋套上口徑10釐米｜2/5吋的星形擠花嘴

1 …先將一個大的攪拌圓盆放入冷凍庫裡冰。鮮奶油倒入冰過的攪拌圓盆中，用打蛋器使勁地打至濃稠堅挺，放入冰箱冷藏。
杏仁焦糖牛軋糖、糖漬水果切成5釐米｜1/5吋的小方塊，開心果約略切碎，置於一旁。

2 …將蜂蜜倒入鍋子裡煮，加熱至稍微上色（此時溫度約為 120°C｜250°F）。煮蜂蜜的同時，把蛋白裝在一乾淨並且沒有沾附水分的攪拌圓盆中，用電動打蛋器將蛋白打至發泡，然後加入煮好的蜂蜜持續攪拌至冷卻。

…

3 …另取一個大的攪拌圓盆，放入打發鮮奶油與蜂蜜蛋白霜輕柔地混合，再混入杏仁焦糖牛軋糖、糖漬水果、開心果。

4 …將上述步驟混合好的材料填滿空心圈形模，放入冷凍庫冷凍3小時。
同時參照p.384製作覆盆子果泥醬，放入冰箱冷藏。
將冰凍好的牛軋糖從模子中取出，放在盤子裡，每個牛軋糖表面分別用鮮奶油香堤擠花和覆盆子裝飾，最後倒入覆盆子果泥醬即可品嘗。

主廚的小提醒

如果沒有空心圈形模時，可以使用耐冷凍的玻璃杯。
冷凍牛軋糖也可以用長方形模（約22公分｜9吋長）製作，冷凍3小時後切片裝盤，再淋上覆盆子果泥醬。
材料中的綜合糖漬水果，可將部分（約50克｜¼杯）改成用糖漬橘皮、糖漬薑、糖漬安潔麗卡（Candied Angelica）取代。此外，這個食譜不含酒精，但如果想為這道甜點添增特殊風味的話，可把糖漬水果浸泡在（50毫升｜3大匙）的柑曼怡白蘭地橙酒（Grand Marnier）中1小時，然後再用於食譜中。

Minestrone de Fruits Frais au Basilic
新鮮水果湯佐羅勒

羅勒糖漿

檸檬（表皮未打蠟）1顆
柳橙（表皮未打蠟）1顆
水250毫升｜1杯
白砂糖150克｜¾杯
新鮮羅勒葉4片

水果沙拉

木瓜1顆
芒果1顆
大的鳳梨½顆或者小的
維多麗雅（Victoria）品種鳳梨1顆
奇異果3顆
百香果2顆
柳橙3顆
葡萄柚2顆
新鮮羅勒葉6片

製作羅勒糖漿

1 …用削皮刀把檸檬和柳橙表皮黃色和橘色的部分薄薄地削下各2片。將水、白砂糖、檸檬和柳橙皮同時放入鍋中，煮至沸騰後離火。羅勒葉片切碎。

2 …將碎羅勒葉片加入糖水鍋中，蓋上鍋蓋，燜30分鐘使其出味，然後用濾網濾掉雜質，放置一旁。

製作水果沙拉

3 …木瓜、 芒果、 鳳梨、 奇異果去皮。

•••

4 …各種水果分別按照以下的方法處理好，然後放入一個圓盆裡。

木瓜對切去籽，兩半木瓜各縱切成4等份的長條，再切成8釐米｜1/3吋厚的薄片。

芒果對切去籽，兩半芒果各縱切成3等份的長條，再切成2釐米｜1/10吋厚的薄片。

奇異果對切，兩半奇異果各縱切成8等份的長條，再橫切成4片。

鳳梨對切，兩半鳳梨各縱切成4等份的長條，切去芯，再切成3釐米｜1/8吋厚的薄片。

百香果切開，用湯匙挖出果肉。

5 …利用銳利的刀切去柳橙和葡萄柚皮，將果肉從纖維隔膜中取出，然後放入圓盆。

6 …將所有水果稍微翻拌一下，倒入羅勒糖漿。

7 …用銳利的刀將剩下的6片羅勒在砧板上切碎，輕柔地放入水果沙拉裡，並且稍微翻拌，翻拌時要小心不要碾爛水果。整鍋放於冰箱冷藏2小時再食用。

主廚的小提醒

若正值草莓、覆盆子和香蕉的時節，也可於食用時加入這類莓子與香蕉切片。

Salade de Fruits Rouges Mentholée

紅莓沙拉佐薄荷

薄荷紅莓糖漿

水300 毫升｜1¼杯

白砂糖150克｜¾杯

紅醋栗100克｜¾杯

覆盆子100克｜¾杯

薄荷葉1把

水果

草莓（建議使用Gariguette*品種）500克｜3⅓杯

紅醋栗125克｜1杯

覆盆子250克｜2杯

黑莓125克｜1杯

藍莓125克｜1杯

*Gariguette品種的草莓，體型長，它的果肉細緻柔軟香氣濃郁，深得法國人喜愛。

製作薄荷紅莓糖漿

1 …將水、白砂糖、紅醋栗、覆盆子放入鍋中，煮至沸騰後離火，加入15片薄荷葉，蓋上鍋蓋，燜20分鐘使其出味。

處理水果

2 …草莓洗過，去掉蒂頭，切成小塊。
紅醋栗從莖上摘下。

3 …將些許薄荷紅莓糖漿倒入湯盤或碗中，水果擺放成漂亮的樣子。放入冰箱冷藏，食用前再取出品嘗。

主廚的小提醒

這道甜點適合搭配冰淇淋，例如用香草或馬鞭草冰淇淋（參照p.68）。

LES TARTES

塔 & 迷你塔

份量：約8人份　準備時間：1小時15分鐘＋基礎食譜時間　烘焙時間：45分鐘＋焗烤鳳梨時間靜置時間：2小時＋基礎食譜時間

Tarte Ananas Rôti

焗烤鳳梨塔

焗烤鳳梨

參照p.88，使用全量

椰子鮮奶油醬

奶油80克｜5½大匙

白砂糖100克｜½杯

椰子粉100克｜¾杯

玉米澱粉10克｜1大匙

全蛋50克｜約1個

蘭姆酒1大匙

鮮奶油250毫升｜1杯

杏仁甜塔皮麵糰

麵糰（參照基礎食譜p.356）225克｜9盎司

中筋麵粉（防沾手粉用）20克｜2½大匙

奶油（抹烤模用）20克｜1½大匙

用具

塔模：直徑24公分｜9½吋×高2公分｜¾吋

甜點毛刷

擀麵棍

參照p.88和基礎食譜p.356，事先製作焗烤鳳梨和杏仁甜塔皮麵糰。

製作椰子鮮奶油醬

1 …將一個大的攪拌圓盆放入冷凍庫冰。

奶油切成丁狀後放入一個耐熱圓盆中，把圓盆盛到一個煮著熱水的鍋子上隔水加熱，也可以用微波爐加熱，使奶油軟化成乳霜狀，但避免讓奶油過熱至融化，再用橡皮刮刀攪拌成乳霜狀。隨後依序加入白砂糖、椰子粉、玉米澱粉、 蛋、蘭姆酒拌勻成椰子麵糊。每一種材料加入後，都應充分混合再加入下一種。

●●•

2 …從冷凍庫取出冰的攪拌圓盆，倒入鮮奶油，用打蛋器使勁地打至濃稠堅挺後，輕柔地把鮮奶油用翻拌的方式，拌入先前的椰子麵糊中。

製作杏仁甜塔皮

3 …塔模上塗抹奶油。將麵糰放在撒上麵粉的桌面上，擀成塔模的大小以及2釐米｜1/10吋厚的薄片，放入冰箱冷藏1小時。取出塔皮，小心地將塔皮壓入烤模，再次放入冰箱冷藏1小時。

填餡

4 …烤箱以160°C｜325°F預熱。

從冰箱取出塔皮，填入椰子麵糊和一半的焗烤鳳梨片。放入烤箱烘烤約45分鐘，至呈金黃色。

從烤箱取出，脫模放涼。

組合

5 …在冷卻的塔表面，將剩下的焗烤鳳梨片漂亮地排列，再放入冰箱冷藏。也可以像p.105的成品中，放上鳳梨葉，再另外準備鏡面果膠塗抹在草莓上面。

主廚的小提醒

這個塔適合搭配水果果泥醬（參照p.382～385）和香草冰淇淋一塊食用。

Tarte Tout Chocolat
純巧克力塔

可可甜塔皮
低筋麵粉200克｜$1\frac{2}{3}$杯
低筋麵粉（防沾手粉用）
20克｜$2\frac{1}{2}$大匙
冰的奶油120克｜$\frac{1}{2}$杯
奶油（抹烤模用）15克｜1大匙
糖粉75克｜$\frac{2}{3}$杯
杏仁粉25克｜$\frac{1}{4}$杯
無糖可可粉12克｜$2\frac{1}{4}$大匙
鹽之花或其他粗顆粒海鹽1小撮
全蛋50克｜約1個

無麵粉巧克力海綿蛋糕
黑巧克力（可可含量60～70%）
45克｜$1\frac{1}{2}$盎司
全蛋150克｜約3個
白砂糖65克｜$\frac{1}{3}$杯

巧克力甘納許
黑巧克力（可可含量65～75%）
300克｜$10\frac{1}{2}$盎司
鮮奶油300毫升｜$1\frac{1}{4}$杯
奶油100克｜7大匙

裝飾
巧克力磚1塊
可可粉適量

用具
塔模：直徑24公分｜$9\frac{1}{2}$吋×
高2公分｜$\frac{3}{4}$吋
擠花袋套上口徑7～8釐米｜
$\frac{1}{4}$～$\frac{1}{3}$吋的圓形擠花嘴
擀麵棍
甜點毛刷
重石或豆子

製作可可甜塔皮

1…低筋麵粉直接過篩到一個攪拌圓盆中。冰奶油切成小丁狀後加入圓盆，再加入糖粉、杏仁粉、可可粉和鹽，然後用雙手的手掌擠捏成細碎砂石顆粒狀。

加入蛋混合至均勻，但不可過度混合。如果有直立式攪拌器的話，可用片狀攪拌接頭混合麵糰。

2…將麵糰揉圓，用保鮮膜包好，放入冷藏至少1小時再使用。也可以在前一天先把麵糰做好，隔夜的麵糰會更容易操作。

…

3 …塔模上塗抹奶油。將麵糰放在撒上麵粉的桌面上，擀成塔模的大小及2釐米｜1/10吋厚的薄片。小心地將塔皮壓入烤模，放入冰箱冷藏1小時。烤箱以170°C｜340°F預熱。從冰箱取出塔皮，用叉子在表面叉滿洞，這樣可以防止塔皮在烘烤時膨起來。拿一片圓形烘焙紙覆蓋在塔皮上，小心地將紙壓貼在塔皮的每個角落。在紙上面放滿一層乾燥的豆子或重石。

將塔皮放入烤箱烤25分鐘後取出，移開重石和烘焙紙，放涼。

製作無麵粉巧克力海綿蛋糕

4 …黑巧克力放入一個耐熱的圓盆中，把圓盆盛到一個煮著熱水的鍋子上隔水加熱，讓它融化並且呈微溫。

將蛋的蛋白蛋黃分離。在一個攪拌圓盆中混合蛋黃和35克白砂糖，打至起泡。

蛋白放入另一個乾淨且沒有沾附水分的攪拌圓盆中，用打蛋器打至發泡。蛋白產生泡沫後，加入剩下的白砂糖，繼續打至堅挺。把¼量的打發蛋白加到蛋黃裡，再加入融化的黑巧克力，輕柔地以由底部翻拌上來的方式混合，最後再把剩下的打發蛋白全部加入，慢慢輕柔地混合成巧克力麵糊。

5 …烤箱以170°C｜340°F預熱。在一烤盤上鋪烘焙紙。將巧克力麵糊放入已裝好圓形擠花嘴的擠花袋中，然後在烤盤紙上，由中心開始往外地擠出一個比塔模直徑小2公分｜¾吋的圓形漩渦狀。放入烤箱烘烤約15

分鐘，蛋糕應烤到稍微偏乾。從烤箱取出後，連同烘焙紙把蛋糕放到涼架上待涼。

製作巧克力甘納許

6 …奶油放於室溫讓它回溫。

將黑巧克力放在砧板上用刀切碎，裝到一個攪拌圓盆中。鮮奶油倒入另一個鍋裡煮沸，將一半的熱鮮奶油倒在黑巧克力上，用打蛋器以畫圓的方式，慢慢地混合均勻，再加入剩下的熱鮮奶油，以同樣的方式混合均勻成巧克力鮮奶油。

7 …將奶油切成小塊狀，倒入黑巧克力鮮奶油中，用橡皮刮刀攪拌至滑順為止，然後立刻著手組合塔。

組合和裝飾

8 …將巧克力甘納許倒入塔皮裡2～3釐米｜1/10～1/8吋高，巧克力蛋糕輕輕地壓在巧克力甘納許上，再把剩下的巧克力甘納許倒入填滿塔皮。放在室溫30分鐘，讓巧克力甘納許凝固。

9 …塔的表面用巧克力薄片裝飾。巧克力薄片的做法是用刀背在巧克力磚上削下薄片。如果直接在塔的上方削的話，優點是可以避免碰壞薄片。最後在塔上撒些許可可粉即可。

Tartelettes Citron Vert et Noix de Coco

萊姆椰子迷你塔

萊姆奶油醬

萊姆（表皮未打蠟）1顆
白砂糖170克｜¾杯＋2大匙
玉米澱粉5克｜2小匙
全蛋150克｜約3個
萊姆汁115毫升｜½杯
已軟化的奶油250克｜1杯＋1½大匙

椰子奶油醬

冰的鮮奶油60毫升｜¼杯
已軟化的奶油25克｜2大匙
糖粉25克｜3大匙
椰子絲25克｜2大匙
蘭姆酒（建議使用農業蘭姆酒）1大匙
全蛋50克｜約1個
玉米澱粉25克｜3大匙

杏仁甜塔皮

麵糰（參照基礎食譜p.356）350克｜12½盎司
中筋麵粉（防沾手粉用）25克｜3大匙
奶油（抹烤模用）20克｜1½大匙

萊姆鏡面果膠

市售萊姆果醬50克｜2盎司
水1大匙

裝飾

萊姆皮屑適量
糖漬萊姆適量

用具

8個迷你塔模：直徑8公分｜3吋×高2公分｜¾吋
研磨器
甜點毛刷
擀麵棍
重石或豆子

先在前一日製作好萊姆奶油醬，以及參照基礎食譜p.356製作杏仁甜塔皮麵糰。

製作萊姆奶油醬

1 ⋯用研磨器將萊姆外層綠色的皮刮下。將白砂糖、萊姆皮屑放入一個攪拌圓盆裡混合，加入玉米澱粉，然後一次加入1個蛋的方式混合，最後加入萊姆汁混合成萊姆醬。

•••

將萊姆醬倒入鍋中以小火加熱，邊加熱邊用橡皮刮刀攪拌，直至冒泡狀態並且開始變得濃稠，離火。

讓萊姆醬稍微冷卻10分鐘，這時醬應還是熱的但不過燙（溫度約在60°C｜140°F），加入軟化的奶油，使用手持式攪拌棒或食物調理機將奶油和萊姆醬充分混合均勻。

裝入一個密封容器內，放入冰箱冷藏至少12小時，讓萊姆奶油醬變得濃稠厚重。

製作椰子奶油醬

2 …隔日，將一個大的攪拌圓盆放入冷凍庫冰。鮮奶油倒入冰的攪拌圓盆中，用打蛋器使勁地打至濃稠堅挺。另取一個攪拌圓盆，放入軟化奶油、糖粉、椰子絲混合，隨後加入蘭姆酒、蛋、玉米澱粉，再加入打發鮮奶油混合。

製作迷你杏仁甜塔皮

3 …塔模上塗抹奶油。將麵糰放在撒上麵粉的桌面上，擀成塔模的大小及2釐米｜1/10吋厚的薄片，用圓形切模或小的碗切好8個直徑12公分｜5吋的塔皮，小心地將塔皮壓入烤模，放入冰箱冷藏1小時。

4 …烤箱以170°C｜340°F預熱。

從冰箱取出塔皮，用叉子在表面叉滿洞，這樣可以防止塔皮在烘烤時膨起來。 拿一片圓形烘焙紙覆蓋在塔皮上，小心地將紙壓貼在塔皮的每個角落。在紙上面放滿一層乾燥的豆子或重石。

將塔皮放入烤箱烘烤約15分鐘至稍微上色，取出，烤箱繼續開著。

5 ⋯稍微放涼後移開重石和烘焙紙。塔皮裡填入一層薄薄的椰子奶油醬（高2～3釐米｜1/10～1/8吋），然後放回烤箱裡烘烤約10分鐘，至塔皮和椰子奶油醬都上色為止。

從烤箱取出，脫膜放涼。

6 ⋯用湯匙將萊姆奶油醬舀入塔皮裡填滿，用奶油抹刀將表面抹平，放入冷凍庫冰約1小時，讓萊姆奶油醬冷卻。

製作萊姆鏡面果膠

7 ⋯將萊姆果醬和水放入鍋中，邊攪拌邊用極小火加熱，不可以讓它沸騰，要加熱至濃稠得可以裹覆湯匙背面（約50°～60°C｜122°～140°F）。

從冷凍庫取出塔，立刻用甜點毛刷在表面刷上一層鏡面果膠，並用萊姆皮屑裝飾。

份量：8個　準備時間：45分鐘＋基礎食譜時間　烘焙時間：1小時5分鐘＋基礎食譜時間
靜置時間：基礎食譜時間

Tartelettes Croustillantes Abricots ou Cerises

杏桃或櫻桃酥塔

迷你酥脆塔皮
麵糰（參照基礎食譜p.358）350克｜12½盎司
中筋麵粉（防沾手粉用）25克｜3大匙
奶油（抹烤模用）20克｜1½大匙

開心果杏仁奶油醬
杏仁奶油醬（參照基礎食譜p.372）
250克｜9盎司
開心果膏30克｜2大匙
生的去殼開心果15克｜2大匙

水果
新鮮杏桃1公斤｜約2磅
或者櫻桃800克｜28盎司

撒在塔上的酥脆甜餅顆粒
麵糰（參照基礎食譜p.364，除了鹽和手粉，每種材料份量都改成40克｜1½盎司）160克｜5½盎司

裝飾
去殼開心果5克｜2小匙
水果適量
糖粉適量

用具
8個迷你塔模：直徑8公分｜3½吋×高2公分｜¾吋
擠花袋套上口徑10釐米｜2/5吋的圓形擠花嘴
擀麵棍
重石或豆子

參照基礎食譜p.364的做法1～2，事先製作酥脆甜餅顆粒，放入冰箱冷藏。

製作迷你酥脆塔皮

1 …參照基礎食譜p.358製作酥脆塔皮麵糰。塔模上塗抹奶油，將麵糰放在撒上麵粉的桌面上，擀成塔模的大小以及2釐米｜1/3吋厚的薄片。用圓形切模或小的碗切8個直徑12公分｜5吋的塔皮，小心地將塔皮壓入烤模，放入冰箱冷藏1小時。

•••

製作開心果杏仁奶油醬

2 ⋯參照基礎食譜p.372製作杏仁奶油醬。開心果切碎後，和開心果膏一同加入杏仁奶油醬中混合。

3 ⋯烤箱以170°C｜340°F預熱。

塔皮從冰箱取出，用叉子在表面叉滿洞，這樣可以防止塔皮在烘烤時膨起來。拿一片圓形烘焙紙覆蓋在塔皮上，小心地將紙壓貼在塔皮的每個角落。在紙上面放滿一層乾燥的豆子或重石。

將塔皮放入烤箱烘烤約20分鐘至稍微上色，取出，移開重石和紙，烤箱繼續開著。

處理水果

4 ⋯杏桃洗淨去核，視大小切成兩半或三半。如果使用櫻桃的話，可以保留幾顆作裝飾用，其他的對切去核。

填餡

5 ⋯將開心果杏仁奶油醬放入已套好擠花嘴的擠花袋中，將醬擠進塔皮中，把杏桃或櫻桃擺在杏仁奶油醬上面，最後再將顆粒大小不一的酥脆甜餅顆粒蓋在最上面。

6 ⋯將塔再次放入烤箱烘烤40～45分鐘，取出放涼，在表面撒上糖粉、一些開心果碎顆粒或櫻桃。

份量：約8人份　準備時間：55分鐘　烘焙時間：20分鐘
靜置時間：1小時30分鐘＋基礎食譜時間

Tarte Fraise Mascarpone
草莓馬斯卡朋乳酪塔

杏仁甜塔皮

麵糰（參照基礎食譜p.356）225克｜9盎司
中筋麵粉（防沾手粉用）20克｜2½大匙
奶油（抹烤模用）20克｜1½大匙

馬斯卡朋乳酪慕斯

吉利丁片6克｜2片
或者吉利丁粉4克｜½大匙
冰的鮮奶油60毫升｜¼杯
白砂糖125克｜½杯＋2大匙
馬斯卡朋乳酪500克｜2¼杯

裝飾

草莓400克｜2¾杯

用具

塔模：直徑24公分｜9½吋×高2公分｜¾吋
擀麵棍
重石或豆子

製作杏仁甜塔皮

1 …參照基礎食譜p.356製作杏仁甜塔皮麵糰。塔模上塗抹奶油，將麵糰放在撒上麵粉的桌面上，擀成塔模的大小及2釐米｜1/10吋厚的薄片，小心地將塔皮壓入烤模，放入冰箱冷藏1小時。

2 …烤箱以170°C｜340°F預熱。
從冰箱取出塔皮，用叉子在表面叉滿洞，這樣可以防止塔皮在烘烤時膨起來。 拿一片圓形烘焙紙覆蓋在塔皮上，小心地將紙壓貼在塔皮的每個角落。在紙上面放滿一層乾燥的豆子或重石。

•••

將塔皮入烤箱烤約20分鐘至上色，取出，移開重石和紙，放涼。塔皮顏色若過淺的話，直接放回烤箱（不用鋪紙或重石）烤至上色，取出放涼。

製作馬斯卡朋乳酪慕斯和組合

3 …吉利丁片放到一小碗冰水中，泡10分鐘至軟。

把吉利丁片的水瀝乾，用力擠壓吉利丁片，把多餘的水分擠掉。

將鮮奶油、白砂糖放入一個鍋中煮至即將沸騰，離火，加入擠乾的吉利丁片，放置完全冷卻。

4 …將馬斯卡朋乳酪放入另一個攪拌圓盆中，用木匙或橡皮刮刀攪拌至滑順，然後一點一點地加入已經冷卻的鮮奶油中，攪拌混合成馬斯卡朋乳酪慕斯。

5 …將馬斯卡朋乳酪慕斯填滿冷卻的塔皮內，然後放入冷凍庫冰20分鐘，直到慕斯凝固。

6 …草莓洗淨後攤開在布巾上瀝乾，去掉蒂頭後對切。

把草莓片放在慕斯上，擺成美麗的樣子。也可以像p.124的成品中，另外準備鏡面果膠塗抹在草莓上面。

主廚的小提醒

如果不想塔皮受潮，以及過度吸收馬斯卡朋乳酪慕斯裡的水分的話，可以試試在塔皮內側刷層融化的白巧克力。融化巧克力的方法是，將巧克力放在一個耐熱圓盆中，將圓盆再盛到一鍋煮著熱水的鍋子上方隔水加熱融化。接著將融化的巧克力刷在塔皮上，放入冷凍庫冰10分鐘凝固，再填餡料即可。

份量：約8人份　準備時間：55分鐘　烘焙時間：20分鐘
靜置時間：1小時30分鐘＋基礎食譜時間

Tarte Passion Framboise

覆盆子百香果塔

百香果醬

奶油250毫升｜1杯＋1½大匙
吉利丁片6克｜2片
或者吉利丁粉4克｜½大匙
全蛋100克｜約2個
蛋黃30克｜約1個
白砂糖150克｜¾杯
玉米澱粉1小匙
百香果泥125克｜⅔杯
檸檬汁2大匙

杏仁甜塔皮

麵糰（參照基礎食譜p.356）225克｜9盎司
中筋麵粉（防沾手粉用）20克｜2½大匙
奶油（抹烤模用）20克｜1½大匙
覆盆子400克｜3¼杯

用具

塔模：直徑24公分｜9½ 吋×高2公分｜¾吋
甜點毛刷
擀麵棍
重石或豆子

製作百香果醬

1 …先在前一日製作好百香果醬。
奶油放在室溫軟化。
吉利丁片放到一小碗冰水中，泡10分鐘至軟。
將蛋、 蛋黃、白砂糖、玉米澱粉放入攪拌圓盆裡混合，再加入百香果泥和檸檬汁混合。
把吉利丁片的水瀝乾，用力擠壓吉利丁片，把多餘的水分擠掉。

2 …將蛋和果泥的混合液放入鍋中以小火加熱，邊加熱邊用橡皮刮刀攪拌，煮至冒泡狀態並且開始變得濃稠，離火，加入擠乾的吉利丁片。

…

讓百香果醬稍微冷卻10分鐘，這時醬應還是熱的但不過燙（溫度約在60°C｜140°F），加入軟化的奶油，使用果汁機或食物調理機將奶油與百香果醬充分混合均勻。裝入一個密封容器內，放入冰箱冷藏至少12小時，讓百香果醬變得濃稠厚重。

製作迷你杏仁甜塔皮

3 ⋯參照基礎食譜p.356製作好杏仁甜塔皮麵糰。塔模上塗抹奶油，將麵糰放在撒上麵粉的桌面上，擀成塔模的大小及2釐米｜1/10吋厚的薄片，小心地將塔皮壓入烤模，放入冰箱冷藏1小時。

烤箱以170°C｜340°F預熱。

從冰箱取出塔皮，用叉子在表面叉滿洞，這樣可以防止塔皮在烘烤時膨起來。拿一片圓形烘焙紙覆蓋在塔皮上，小心地將紙壓貼在塔皮的每個角落。在紙上面放滿一層乾燥的豆子或重石。

4 ⋯將塔皮放入烤箱烘烤約20分鐘至上色，取出，移開重石和紙，放涼。如果塔皮的顏色太淺的話，直接放回烤箱（不用鋪紙或重石）烤至上色，再取出放涼。

組合

5 ⋯塔皮裡填滿百香果醬，把覆盆子放到慕斯上，擺成美麗的樣子，然後放入冰箱冷藏。也可以像p.124的成品中，另外準備鏡面果膠，放入擠花袋中，以畫圓的方式擠在覆盆子上面。

主廚的小提醒

將塔皮做好，並且填好醬之後放入冰箱冷藏，但新鮮覆盆子要等到最後一分鐘才放上，這樣比較保鮮，風味較佳。這道塔搭配覆盆子果泥醬（參照p.384）和百香果雪酪或香草冰淇淋特別美味。

份量：8個　準備時間：1小時＋基礎食譜時間　烘焙時間：約40分鐘
靜置時間：1小時＋基礎食譜時間

Tartelettes aux Pommes Élysée

愛麗舍蘋果迷你塔

杏仁甜塔皮
麵糰（參照基礎食譜p.356）350克｜12½盎司
中筋麵粉（防沾手粉用）20克｜2½大匙
奶油（抹烤模用）20克｜1½大匙

肉桂蘋果丁
黃金葡萄乾*60克｜½杯
蘋果（建議使用Jonagold品種）
750克｜26½盎司
奶油60克｜4大匙
白砂糖45克｜¼杯
肉桂粉1小撮

烤蘋果片
蘋果（建議使用 Jonagold品種）
1公斤｜約2磅
奶油60克｜4大匙
白砂糖45克｜¼杯

裝飾
杏仁細片或者薄片25克｜¼杯

用具
8個迷你塔模：直徑8公分｜3 吋×高2公分｜¾吋
擀麵棍
甜點毛刷
重石或豆子

參照基礎食譜p.356，先在前一日製作好杏仁甜塔皮麵糰。

*建議使用像sultana這種具甜度的無籽葡萄乾，但如果買不到的話，一般的葡萄乾也可以代用。

製作杏仁甜塔皮

1 …塔模上塗抹奶油。將麵糰放在撒上麵粉的桌面上，擀成塔模的大小及2釐米｜1/10吋厚的薄片，用圓形切模或小的碗切好8個直徑12公分｜5吋的塔皮，小心地將塔皮壓入烤模，放入冰箱冷藏1小時。

…

製作肉桂蘋果丁

2 …葡萄乾放入一碗熱水裡，浸泡約30分鐘，使其變軟。

蘋果削皮、去核，然後切成丁狀。

平底煎鍋加熱融化奶油，加入蘋果丁稍微煎一下，再加入白砂糖和肉桂粉，等蘋果一煎成金黃色就立刻離火。注意：蘋果要煎到熟，但仍保持堅實口感的程度，然後放冷卻。

瀝乾葡萄乾，放入蘋果裡混合。

烤蘋果片

3 …烤箱以180°C｜350°F預熱。

蘋果削皮、去核後對切成兩半，再視大小各切成4、5片，排在鋪好烘焙紙的烤盤上。將奶油放入小鍋中煮融（或用微波爐），以甜點毛刷將奶油刷在蘋果片上，撒上白砂糖，放入烤箱烘烤10～12分鐘。記得仍要保留蘋果堅實的口感。

組合

4 …烤箱以170°C｜340°F預熱。

從冰箱取出塔皮，用叉子在表面叉滿洞，這樣可以防止塔皮在烘烤時膨起來。 拿一片圓形烘焙紙覆蓋在塔皮上，小心地將紙壓貼在塔皮的每個角落。在紙上面放滿一層乾燥的豆子或重石。

將塔皮放入烤箱烘烤約20分鐘至上色，取出，移開重石和紙，放涼。如果塔皮的顏色太淺的話，直接放回烤箱（不用鋪紙或重石）烤至上色，再取出放涼。

5 … 將肉桂蘋果丁填滿塔皮，再排上烤蘋果片，擺成漂亮的樣子，放入冰箱冷藏。

可隨個人喜好，在上面撒些許烤杏仁片或剩下的葡萄乾食用。

主廚的小提醒

如果希望蘋果片上有層閃亮的光澤，可在蘋果切片上刷些許杏桃鏡面果膠。

份量：8個　準備時間：1小時10分鐘＋基礎食譜時間　烘焙時間：20分鐘
靜置時間：一晚＋1小時＋基礎食譜時間

Tartelettes Rhubarbe et Fraises des Bois

大黃與野草莓迷你塔

杏仁甜塔皮
麵糰（參照基礎食譜p.356）350克｜12½盎司
中筋麵粉（防沾手粉用）20克｜2½大匙
奶油（抹烤模用）20克｜1½大匙

糖煮大黃泥
大黃600克｜21盎司
白砂糖45克｜¼杯＋白砂糖60克｜⅓杯
無糖果膠粉9克｜1大匙
吉利丁片18克｜6片
或吉利丁粉11克｜1½大匙
水120毫升｜½杯

裝飾
野草莓（建議使用 Fraises des Bois 品種）350克｜12½盎司

用具
8個塔模：直徑8公分｜3吋×高2公分｜¾吋

*大黃（Rhubarbe）是一種外型很像西芹的蔬果，只取根莖部分，不食用葉子。

先在前一日製作好糖煮大黃泥，以及參照基礎食譜p.356製作杏仁甜塔皮麵糰。

製作糖煮大黃泥

1 …用刀削掉大黃表皮，拉掉纖維後大略切成小塊狀。
將45克｜¼杯的白砂糖和果膠粉倒入一個碗裡混合。
吉利丁片放到一小碗冰水中，泡10分鐘至軟。把吉利丁片的水瀝乾，用力擠壓吉利丁片，把多餘的水分擠掉，放於一旁。

•••

2 …鍋裡倒入120毫升｜½杯水煮至微溫，加入混合好的糖和果膠粉，邊攪拌邊加熱地煮至沸騰，然後加入大黃塊煮4～5分鐘至軟。當大黃煮到很軟時，加入剩下60克｜⅓杯的白砂糖輕柔地攪拌，離火，再加入擠乾的吉利丁片混合成泥。

3 …將糖煮大黃泥裝到一個長方形烤盤裡，大黃泥均勻地抹開成薄薄一層，讓它徹底冷卻後用保鮮膜蓋住，放入冰箱冷藏12小時。

製作杏仁甜塔皮塔

4 …隔日，烤箱以170°C｜340°F預熱。

塔模上塗抹奶油。將麵糰放在撒上麵粉的桌面上，擀成塔模的大小及2釐米｜1/10吋厚的薄片。用圓形切模或小的碗切好8個直徑12公分｜5吋的塔皮，小心地將塔皮壓入烤模。塔皮放入烤箱烘烤約20分鐘至上色，取出放涼。

5 …將結凍的糖煮大黃泥填滿塔皮內，放上野草莓，擺成漂亮的樣子，放入冰箱冷藏。也可以像p.133的成品中，另外準備鏡面果膠，放入擠花袋中，以畫圓的方式擠在野草莓上面。

試試變化款

6 …這裡的野草莓可以用其他品種的草莓取代，例如Gariguette或Mara des Bois。沒有紅莓（參照p.100）時，塔的表面不妨改放烤蘋果片（參照p.128愛麗舍蘋果迷你塔），也非常美味。

主廚的小提醒

於食用前20分鐘從冰箱取出塔，讓上面的草莓回溫，如此更能品嘗到草莓的風味。

份量：8個　準備時間：55分鐘＋基礎食譜時間　烘焙時間：2小時5分鐘
靜置時間：2小時30分鐘＋基礎食譜時間

Tartes Tatin
反烤焦糖蘋果塔

焦糖

水100毫升｜½ 杯－1大匙
白砂糖300克｜1½杯
奶油125克｜9大匙

烤蘋果

蘋果12顆（建議使用金冠品種*）

千層酥皮

麵糰（參照基礎食譜p.360）500克｜17½盎司
中筋麵粉（防沾手粉用）20克｜2½大匙杯

用具

8個舒芙蕾烤模：直徑10公分｜4吋
圓形壓模：直徑13公分｜5吋
擀麵棍

製作焦糖

1 …奶油切成丁。將白砂糖和水倒入鍋中，煮至金黃的焦糖色，離火，立刻加入奶油降溫。這裡操作時要小心別燙傷了，身體往後退一步再將焦糖和奶油拌勻。在各個舒芙蕾烤模內倒入5釐米｜1/5吋高的焦糖，於室溫下放涼。

*金冠品種（Golden Delicious），外觀渾圓、呈金黃色，果肉甜中帶些許酸，汁量多。除了直接食用之外，可用在沙拉、蘋果派等西點。

烤蘋果

2 …烤箱以160°C｜325°F預熱。
蘋果削皮後去核，切成3大塊，切掉芯。將蘋果直立地放入舒芙蕾烤模

•••

內，盡可能地排緊密，雖然蘋果會比烤模高，但別擔心，烤完之後蘋果會縮小一半。烤模放入烤箱烘烤1小時30分鐘。
從烤箱取出蘋果，放涼。

將千層酥皮壓入烤模

3 …在撒有麵粉的桌面將千層酥皮擀成2釐米｜1/10吋厚的薄片，用圓形壓模切好直徑13公分｜5吋的圓形酥皮，放入冰箱冷藏30分鐘，讓麵糰鬆弛。烤箱以170°C｜340°F預熱。

4 …在每個烤模的蘋果上面覆蓋一片圓形酥皮，並施力往下壓實與固定住蘋果，放入烤箱烘烤35分鐘。取出放涼，放入冰箱冷藏至少2小時，讓焦糖和蘋果中的果膠可以凝固。

5 …在平底煎鍋內倒入些許水（材料以外）加熱，把每一個舒芙蕾烤模的底部放入熱水中泡15秒，讓凝固的焦糖稍微軟化，拿刀沿著烤模內側刮一圈，然後輕輕地壓住酥皮，將塔反倒扣在盤子上，脫模後蘋果會在上面。

主廚的小提醒

食用時，烤箱以120°C｜250°F的溫度加熱。搭配打發鮮奶油，溫熱地享用更美味。此外，你也可搭配香草冰淇淋，冰與熱的對比是種感官上的享受。

LES ENTREMETS ET VERRINES

小甜點&慕斯杯

份量：6個　準備時間：15分鐘　烘焙時間：1小時　靜置時間：2小時

Crème Brûlée à la Fleur d'Oranger

橙花純露烤布蕾

全脂牛奶200毫升｜¾杯＋1大匙
鮮奶油250毫升｜1杯＋1大匙
蛋黃60克｜約3個
白砂糖85克｜½杯－½大匙
橙花純露50毫升｜3⅓大匙
紅糖50克｜約¼杯

用具

6個烤布蕾烤模：直徑8～10公分｜3～4吋×高2～3公分｜¾～1¼吋

製作卡士達醬

1 …牛奶、鮮奶油倒入鍋中，煮至沸騰。
將蛋黃、白砂糖加入一個大的攪拌圓盆裡，用打蛋器打至顏色變淡，然後慢慢加入牛奶和鮮奶油混合液、橙花純露，混合成奶蛋液。

2 …烤箱以100°C｜210°F預熱。
奶蛋液倒入每個烤布蕾烤模中，烤模再排入有深度的烤盤。放入烤箱後，在烤模外圍注入熱水，熱水的高度要滿到距烤模杯緣下方約5釐米｜⅕吋高的地方，在熱水裡烘烤1小時，等布蕾稍微凝固時就是烤好了。可用刀尖插入測試，搖晃烤模時，烤好的布蕾的中心應會微微地抖動。

…

3 …從烤箱取出烤模，完全放涼後再用保鮮膜包好，防止表面有水氣凝聚，然後放入冰箱冷藏至少2小時。

4 …食用時，先將烤箱預熱設定在上火焗烤。

5 …同時從冰箱取出布蕾，表面撒上紅糖，放入烤箱爐火正下方的位置，焗烤2分鐘，但要注意別把焦糖烤太深了。
當紅糖呈漂亮的深焦糖色時，從烤箱取出並立刻食用。

試試變化款

香草烤布蕾：以75毫升｜5大匙全脂牛奶代替橙花純露。另外，用銳利的刀將2根香草豆莢縱向切開，以刀尖刮出香草籽。將牛奶、鮮奶油倒入鍋中，加入香草豆莢和籽煮至即將沸騰，離火，立刻蓋上鍋蓋讓它浸漬15分鐘使其出味，取出豆莢，接下來的步驟則相同。

Crème Renversée au Caramel

焦糖布丁

布丁

香草豆莢2根
全脂牛奶600毫升｜2½杯
鮮奶油400毫升｜1⅔杯
全蛋200克｜約4個
蛋黃80克｜約4個
白砂糖200克｜1杯

焦糖

水150毫升｜10大匙
熱水45毫升｜3大匙
白砂糖250克｜1¼杯

用具

8個舒芙蕾烤模：直徑7½公分｜約3吋

準備布丁液

1 …用銳利的刀將2根香草豆莢縱向切開，以刀尖刮出香草籽。將牛奶和鮮奶油倒入鍋中，加入香草豆莢和籽煮至即將沸騰，離火，立刻蓋上鍋蓋讓它浸漬15分鐘使其出味，完成牛奶混合液。

製作焦糖

2 …將水、白砂糖倒入鍋中，煮至金黃的焦糖色，離火，把鍋底浸泡在冷水裡防止焦糖繼續增溫。這裡操作時要小心別燙傷了，身體往後退一步後立刻加入熱水，把焦糖和水混合均勻。如果焦糖凝固過頭沉澱在鍋底，可放回爐子加溫30秒，並用木匙攪拌至與水完全融合為止。在每個舒芙蕾烤模內倒入3～4釐｜⅛～⅙吋高的焦糖，放涼。

…

製作布丁

3 …將蛋、蛋黃和白砂糖放入一個大的攪拌圓盆中，用打蛋器打至顏色變淡。香草豆莢從牛奶混合液中取出後，整鍋重新放回爐子上加熱，然後將1/3量的熱牛奶混合液倒入蛋液中（為了調溫），用打蛋器避免打出泡沫地輕柔混合，再加入剩下的熱牛奶混合液，混合成奶蛋液。

4 …烤箱以170°C｜340°F預熱。
奶蛋液倒入每個舒芙蕾烤模中，注滿到距杯緣下方2～3釐米｜1/10～1/8吋高的地方，烤模排入有深度的烤盤。放入烤箱後，在烤模外圍注入熱水，熱水的高度要滿到距烤模杯緣下方約5釐米｜1/5吋高的地方，在熱水裡烘烤1小時。

5 …從烤箱取出烤模，完全放涼，放入冰箱冷藏。
脫模時，可以拿刀沿著烤模內側刮一圈，將烤模在盤子上反倒扣出布丁，即可立刻享用。

份量：8個　準備時間：15分鐘　烘焙時間：1小時　靜置時間：至少2小時

Petits Pots de Crème à la Rose

玫瑰風味小布丁

全脂牛奶200毫升｜¾杯＋1大匙
鮮奶油250毫升｜1杯＋1大匙
蛋黃60克｜約3個
白砂糖85克｜½杯－½大匙
玫瑰糖漿50毫升｜4大匙
食用天然玫瑰香精3滴
食用玫瑰露3大匙
食用紅色色素少許

用具

8個布丁模，或者容量60毫升�|¼杯｜2盎司的義大利濃縮咖啡杯

1 …牛奶、鮮奶油倒入鍋中，煮至即將沸騰。

2 …將蛋黃、白砂糖加入一個大的攪拌圓盆裡，用打蛋器打至顏色變淡，然後慢慢加入牛奶和鮮奶油混合液，再加入玫瑰糖漿、天然玫瑰香精、玫瑰露，混合成玫瑰奶蛋液。

3 …烤箱以100°C｜210°F預熱。玫瑰奶蛋液倒入每個模型或杯子中，排入有深度的烤盤。放入烤箱後，在烤模外圍注入熱水，熱水的高度要滿到距烤模杯緣下方約5釐米｜⅕吋高的地方，在熱水裡烘烤1小時。等布丁稍微凝固時就是烤好了。可用刀尖插入測試，搖晃烤模時，烤好的布丁的中心應會微微地抖動。

4 …從烤箱中取出烤模，完全放涼後再用保鮮膜包好，防止表面有水氣凝聚，然後放入冰箱冷藏至少2小時，風味最佳。

Oeufs à la Neige
漂浮之島

白雪
全脂牛奶（煮完蛋白後再拿來做英格蘭奶蛋醬）
1公升｜1夸脫
蛋白300克｜約10個
白砂糖100克｜½杯

英格蘭奶蛋醬
英式奶蛋醬（參照基礎食譜p.376，用煮蛋白的牛奶製作）1公升｜4杯

焦糖
水100毫升｜½杯－1大匙
白砂糖400克｜2杯

製作白雪

1 …將牛奶倒入一只深鍋中以小火煮，煮至即將沸騰表面有波紋的狀態，但不可以讓它沸騰。

2 …同時，將150克｜約5個蛋白放入一個乾淨且沒有沾附水分的攪拌圓盆中，用電動打蛋器打至發泡，等蛋白產生泡沫後，先加入50克｜¼杯的白砂糖，繼續打成堅挺的蛋白霜。

3 …用2支沾過水的湯匙將蛋白霜整形成有三個面的立體橢圓蛋形。把盛著蛋形蛋白霜的湯匙放入熱牛奶中，蛋白霜會自然地從湯匙上脫離。重複用湯匙整形蛋白霜的動作，直到全部做完為止，離火。讓蛋白霜在牛

…

奶裡煮2分鐘後，翻面再煮2分鐘。注意：絕對不可以把牛奶煮沸騰，否則蛋白霜會塌陷變成煎蛋的樣子。

用濾勺將蛋白霜撈起，放在微濕的布巾上。

4 …牛奶重新加熱至即將沸騰的狀態，用剩下的150克｜約5個蛋白以及50克｜¼杯的白砂糖，重複上面的步驟煮好蛋白霜。

製作英格蘭奶蛋醬

5 …把先前用過的牛奶過濾，取500毫升｜2大杯＋2大匙的量，參照基礎食譜p.376製作1公升｜4杯的英格蘭奶蛋醬，然後在室溫下放涼。

製作焦糖

6 …將水、白砂糖倒入鍋中，煮至金黃的焦糖色，離火，立刻把鍋底浸泡在冷水裡30秒防止焦糖繼續增溫。鍋子拿離水面後，用木匙攪拌將焦糖拌勻即可。

在蛋白霜上淋上焦糖，注意不要燙到自己。若焦糖濃度太稀的話，可以把鍋底再次泡到水裡，讓焦糖稍微再冷卻一些。

7 …將放涼到室溫的英格蘭奶蛋醬裝到盤子裡，小心地把蛋白霜，淋有焦糖面朝上地放在英格蘭奶蛋醬上。

主廚的小提醒

英格蘭奶蛋醬要室溫食用，而焦糖應在食用的1～2小時前淋在蛋白霜上，這樣焦糖才有足夠的時間可以稍微融入蛋白霜中，焦糖的厚度也會變較薄，口感更佳。

份量：8個　準備時間：30 分鐘　靜置時間：杯子15分鐘，大碗4小時

Mousse au Chocolat
巧克力慕斯

黑巧克力（70% 可可含量）
320克｜11盎司
奶油80克｜5½大匙
蛋黃160克｜約8個
蛋白240克｜約8個
鹽1小撮
白砂糖80克｜½杯－1大匙

裝飾

巧克力磚1塊

用具

8個杯子：容量150～200毫升｜5～6⅔盎司
擠花袋套上口徑18釐米｜¾吋的星形擠花嘴

製作巧克力慕斯

1 …將黑巧克力放在砧板上用刀切碎，裝到一個大的攪拌圓盆中，奶油切成小塊後也加到同一個圓盆中。把圓盆盛到一個煮著熱水的鍋子上隔水加熱，邊攪拌地融化黑巧克力和奶油。融化好後離火，放涼到微溫（約18～20°C｜64～68°F）。

2 …將蛋黃放入一個圓盆中，打散後輕柔地拌勻成液體狀。

3 …將蛋白放入一個乾淨且沒有沾附水分的攪拌圓盆中，加入鹽，用電動打蛋器打至發泡，加入白砂糖，繼續打成堅挺的蛋白霜。立刻倒入打散

•••

的蛋黃，用打蛋器輕柔地混合，邊轉動著圓盆，邊用打蛋器由圓盆正中心往盆緣，又回到正中心的畫圈動作翻拌，這樣可以做好混合均勻的動作。

4 …拿橡皮刮刀用翻拌的方式，把¼量的蛋液加入融化的巧克力奶油中混合，再將這全部倒回剩下¾量的蛋液中輕柔地混合，以由圓盆正中心往盆緣，又回到正中心的畫圈動作翻拌，拌勻成巧克力慕斯。

盛裝

5 …如果想做成一人一杯的話，把巧克力慕斯放入冰箱中冷藏約15分鐘，使其稍微凝固，然後取出放入已裝好擠花嘴的擠花袋中，在每個杯子裡擠成玫瑰的形狀。

如果想眾人一起享用，可將巧克力慕斯裝在大容器內，放入冰箱中冷藏約3～4小時，然後參照p.108純巧克力塔的做法9，用刀背在巧克力磚上削下薄片，撒在巧克力慕斯上食用。

份量：6～8人份　準備時間：50分鐘　靜置時間：至少1小時

Riz au Lait

牛奶米布丁

黃金葡萄乾60克｜½杯
義大利圓米（建議使用Arborio*米）50克｜¼杯
冰的全脂牛奶600 毫升｜2½杯
鹽之花或其他粗顆粒海鹽1小撮
白砂糖35克｜2⅔大匙
蛋黃40克｜約2個
奶油30克｜2大匙

*Arborio這種米通常用來製作義大利燉飯，它的體型較一般米來得短圓，米的心大耐燉煮，而且經過燉煮後嘗起來黏稠滑順，口感極佳。

1 …葡萄乾放入一碗熱水中浸泡，使其變軟。
米用冷水洗過。把一鍋水煮沸騰，加入米煮1分鐘，瀝乾。

2 …把牛奶和鹽倒入另一鍋中煮至沸騰，加入米、白砂糖，用小火煮約20分鐘，直到米吸乾大部分的液體，離火。

3 …將蛋黃放入一個大的攪拌圓盆中。
把¼量的米加到蛋黃裡，激烈地攪拌後把這全部倒回裝米的鍋子。
葡萄乾瀝乾，和奶油一起放入同一個米鍋子裡混合。鍋子放回爐子上加熱，輕柔地攪拌以確保米粒不會黏在鍋底，加熱到即將沸騰時立刻離火。

4 …把米布丁裝到烤盤裡，蓋上保鮮膜，以防止它在冷卻的過程中表面乾掉結層皮。等米布丁冷卻，放入冰箱冷藏至少1小時。食用前裝到小容器裡，冰冰地食用。

主廚的小提醒

米布丁可在前一日先製作好，第二天隨時可食用。

份量：8杯　準備時間：3小時＋40分鐘　烘焙時間：15分鐘　靜置時間：1小時

Verrines Rose Framboise

玫瑰覆盆子慕斯

手指餅乾

參照p.334製作，材料份量：
中筋麵粉25克｜3大匙
馬鈴薯澱粉（Potato Starch*）
25克｜2½大匙
全蛋150克｜約3個
白砂糖75克｜⅓杯＋1大匙
糖粉20克｜2½大匙

玫瑰慕斯

吉利丁片12克｜4片
或者吉利丁粉7克｜1大匙
蛋黃60克｜約3個
白砂糖30克｜2½大匙
全脂牛奶250毫升｜1杯＋1大匙
食用天然玫瑰花露3大匙
玫瑰糖漿4大匙
食用天然玫瑰精油3滴
冰的鮮奶油350毫升｜1½杯

玫瑰糖水

水100毫升｜½杯－1大匙
食用天然玫瑰花露2大匙
白砂糖125克｜½杯＋2大匙
玫瑰糖漿2大匙

覆盆子果泥凍

吉利丁片4片
或者吉利丁粉7克｜1大匙
覆盆子750克｜6杯
白砂糖70克｜⅓杯
檸檬汁2大匙
水3大匙
覆盆子（組合用）32顆

裝飾

玫瑰花1朵
覆盆子12顆

用具

8個玻璃杯：容量180毫升｜6盎司，
直徑7公分｜2¾吋×高7公分｜2¾吋
甜點毛刷

*這裡用的Potato Starch是馬鈴薯澱粉，它是由生的馬鈴薯澱粉製作而成的粉末，中文通稱太白粉，但因為粉類翻譯成中文時常有誤翻和誤用的情況，像樹薯粉（Tapioca Starch）也常被翻譯為太白粉，所以需留意此食譜使用的是馬鈴薯製粉。

製作手指餅乾

1 …參照p.334製作手指餅乾麵糊，烤16片（每杯用2個）比使用的杯子直徑小1公分｜2/5吋的圓餅。

製作玫瑰慕斯

2 …吉利丁片放到一小碗冰水中，泡10分鐘至軟。
將蛋黃和白砂糖放入一個大的攪拌圓盆中，用打蛋器打至顏色變淡。
把吉利丁片的水瀝乾，用力擠壓吉利丁片，把多餘的水分擠掉。

3 …將牛奶、玫瑰花露、玫瑰糖漿倒入鍋裡煮至即將沸騰。
把1/3量的熱牛奶倒入蛋黃的混合液裡（為了調溫），用打蛋器充分攪拌混合，再將混合好的奶蛋液全部倒回鍋中，以小火加熱。
邊加熱邊用木匙攪拌，直到奶蛋醬變濃稠成醬。當醬的濃度可裹覆湯匙，並且手指可在裹覆醬的湯匙背面清楚地畫出一條線（或提起湯匙而醬不會滴落）時表示煮好了。注意：醬絕對不可以煮至沸騰，醬的溫度上限是85°C｜185°F。
奶蛋醬一旦達到理想的濃度，立即離火，加入瀝乾的吉利丁片混合。為了防止它繼續增溫，將奶蛋醬倒入一個大的攪拌圓盆，不停地攪拌5分鐘以保持滑順口感。等放到完全冷卻後，再加入玫瑰精油。

製作玫瑰糖水

4 …將水、玫瑰花露、白砂糖倒入鍋中煮至即將沸騰，離火，加入玫瑰糖漿後放涼。

製作覆盆子果泥凍

5 …將一個大的攪拌圓盆放入冷凍庫冰。

吉利丁片放到一小碗冰水中，泡10分鐘至軟。

使用手持式攪拌棒或食物調理機把覆盆子和白砂糖打成果泥，用濾網過濾，邊過濾邊用湯匙擠壓果泥，盡量將果肉壓過濾網保留下來，只去除籽即可。

在果泥快要濾完時，在濾網裡倒入檸檬汁、水和最後的果肉一同過濾，這樣會比較容易過濾。

6 …把過濾完成的果泥的¼量倒入鍋裡煮至微溫，把吉利丁片的水瀝乾，用力擠壓掉多餘的水分後，加入鍋中的熱果泥裡攪拌至溶化，然後再整鍋倒入剩下¾量的果泥（未加熱）裡，混合成覆盆子果泥液，將⅓量的覆盆子果泥液倒入每個玻璃杯中當作第一層醬，放入冷凍庫冰至凝固。

完成玫瑰慕斯和組合

7 …從冷凍庫中取出冰好的攪拌圓盆，倒入鮮奶油，用電動打蛋器使勁地打至濃稠堅挺。把做法3中剛要開始凝固的玫瑰慕斯用打蛋器打至滑順，用橡皮刮刀以輕柔翻拌的方式加入打發鮮奶油混合，完成玫瑰慕斯，放於室溫。

8 …從冷凍庫中取出玻璃杯。將圓形手指餅乾沾點玫瑰糖水，放在已凝固的第一層果泥凍上。4顆覆盆子對切後，每個杯子中放1塊，將½量的玫瑰慕斯倒入每個杯中覆蓋，放入冷凍庫冰至凝固，大約10分鐘。
重複倒入果泥→圓形手指餅乾（要沾玫瑰糖水）→切半的覆盆子→玫瑰慕斯的順序。當第二層的慕斯凝固後，在上面倒入一層薄薄的果泥。
最後，在每個玻璃杯都放1片玫瑰花瓣和1顆覆盆子裝飾。

份量：8杯　準備時間：3小時5分鐘　烘焙時間：15分鐘　靜置時間：1小時30分鐘

Verrines Passion Noix de Coco

椰奶百香果慕斯

椰香達克瓦滋

杏仁粉40克｜½杯－1大匙
糖粉80克｜⅔杯
椰子粉40克｜¼杯
蛋白90克｜約3個
白砂糖30克｜2½大匙

百香果果泥凍

吉利丁片9克｜3片
或者吉利丁粉5克｜¾大匙
百香果果汁400毫升｜
1½杯＋2大匙

百香果慕斯

吉利丁片7½克｜2½片
或者吉利丁粉4克｜⅔大匙
白砂糖60克｜⅓杯
玉米澱粉25克｜3大匙
冰的鮮奶油320毫升｜1⅓杯
百香果果汁300毫升｜1¼杯

椰子凍

吉利丁片9克｜3片
或者吉利丁粉5克｜¾大匙
全脂牛奶200毫升｜¾杯＋1大匙
椰子粉50克｜⅓杯
椰奶150克｜5盎司

用具

8個玻璃杯：容量180毫升｜
¼杯｜6盎司，直徑7公分｜
2¾吋×高7公分｜2¾吋
擠花袋套上口徑10釐米｜
⅖吋的圓形擠花嘴

製作椰香達克瓦滋

I …杏仁粉、糖粉、椰子粉放入一個大的攪拌圓盆中混合。
蛋白放入一個乾淨且沒有沾附水分的攪拌圓盆中，用電動打蛋器打至發泡，加入白砂糖，繼續打至糖溶解。用橡皮刮刀把剛才混合好的椰子混合粉，用翻拌的方式拌進打發的蛋白中，完成麵糊。

•••

2 ⋯烤箱以170°C｜340°F預熱。

將麵糊放入已裝好圓形擠花嘴的擠花袋中，在鋪有烤盤紙的烤盤上，擠出16個（每杯用2個）比玻璃杯直徑小1公分｜2/5吋的圓餅狀。放入烤箱烘烤15分鐘，取出放涼。

製作百香果果泥凍

3 ⋯吉利丁片放到一小碗冰水中，泡10分鐘至軟。

取約80毫升｜¼杯的百香果果汁倒入鍋中煮至微溫。把吉利丁片的水瀝乾，用力擠壓掉多餘的水分後，加入鍋中的熱果汁裡拌至溶化，然後再整鍋倒入剩下的百香果果汁（未加熱）裡，混合成百香果果泥液。將½量的百香果果泥液倒入每個玻璃杯裡當作第一層醬，放入冷凍庫冰至凝固成凍。

製作百香果慕斯

4 ⋯吉利丁片放到一小碗冰水中，泡10分鐘至軟。

將一個大的攪拌圓盆放入冷凍庫冰。另取一個攪拌圓盆，放入白砂糖、玉米澱粉和50毫升｜⅙杯的冰鮮奶油混合。

⋯

將120毫升｜½杯的鮮奶油、百香果果汁倒入鍋中煮至即將沸騰，然後取一些倒入剛才混合好的鮮奶油混合液裡，再將整個攪拌圓盆倒回鍋中煮至沸騰，煮時要不停地用打蛋器攪拌，再把煮好的百香果鮮奶油倒入一個乾淨的圓盆裡。把吉利丁片的水瀝乾，用力擠壓掉多餘的水分後，加入熱百香果鮮奶油中裡拌至溶化，放涼。

5 …從冷凍庫中取出冰好的攪拌圓盆，裝剩下的150毫升｜⅔杯的冰鮮奶油，用打蛋器使勁地打至濃稠堅挺。將放涼的百香果鮮奶油用打蛋器打至滑順後，用橡皮刮刀以輕柔翻拌的方式加入打發鮮奶油，混合成百香果慕斯。

製作椰子凍

6 …吉利丁片放到一小碗冰水中，泡10分鐘至軟。
將牛奶倒入鍋中煮至即將沸騰，加入椰子粉攪拌。把吉利丁片的水瀝乾，用力擠壓掉多餘的水分後，加入熱牛奶中拌至溶化。當放涼到室溫（18°C｜64°F）時，加入椰奶混合成椰子凍液，放於室溫。

組合

7 …從冷凍庫取出裝了第一層百香果果泥凍的玻璃杯，依序放一片圓形椰子達克瓦滋→倒入一層百香果慕斯覆蓋，放入冷凍庫冰至凝固。
接著，在慕斯上倒一層椰子凍，放入冷凍庫冰至凝固。再依序倒入一層百香果慕斯→一層椰子凍→一層百香果慕斯→一層椰子凍→放上第二片椰子達克瓦滋→倒入一層百香果慕斯覆蓋。
每倒入一層慕斯和果凍時，都必須將玻璃杯放入冷凍庫，冰至凝固再倒入下一層。最後，在最上面倒入一層百香果果泥凍，放入冰箱冷藏。

主廚的小提醒

這道慕斯應與一點熱帶水果沙拉，或椰子瓦片餅乾搭配食用，更顯其美味。

份量：8杯　準備時間：3小時15分鐘＋基礎食譜時間　烘焙時間：15分鐘＋基礎食譜時間
靜置時間：50分鐘＋基礎食譜時間

Verrines Pistache Griottes

開心果酸櫻桃慕斯

酥脆甜餅顆粒

麵糰（參照基礎食譜p.364）300克｜10½盎司

開心果達克瓦滋

開心果膏10克｜2小匙
杏仁粉70克｜¾杯
糖粉80克｜⅔杯
生的去殼開心果15克｜2大匙
蛋白90克｜約3個
白砂糖30克｜2½大匙

開心果慕斯

吉利丁片 9克｜3片
或者吉利丁粉5克｜¾大匙
蛋黃60克｜約3個
白砂糖35克｜2⅔大匙
開心果膏40克｜2½大匙
全脂牛奶250毫升｜1 杯＋1大匙
食用綠色色素數滴
冰的鮮奶油280毫升｜1 杯＋2大匙
櫻桃白蘭地酒2小匙

櫻桃果醬

吉利丁片9克｜3片
或者吉利丁粉5克｜¾大匙
白砂糖100克｜½杯
果膠粉20克｜2⅓大匙
水70毫升｜⅓杯
去核Morello、Griotte酸櫻桃
或者其他種酸櫻桃700克｜24½盎司

裝飾

去殼開心果適量
櫻桃8顆

用具

8個玻璃杯：容量180毫升｜¼ 杯｜6盎司，直徑7公分｜2¾ 吋×高7公分｜2¾吋
擠花袋套上口徑10釐米｜⅖吋的圓形擠花嘴

製作酥脆甜餅顆粒

I …也可以先在前一日製作好酥脆甜餅顆粒。參照基礎食譜p.364，製作酥脆甜餅顆粒麵糰，切成小塊狀後放入烤箱烘烤。

…

製作開心果達克瓦滋

2 …開心果膏放入一個碗中。

將杏仁粉、糖粉、開心果一同放入食物調理機磨成更細的粉末。

烤箱以170°C｜340°F預熱。

蛋白放入一個乾淨且沒有沾附水分的攪拌圓盆中，用電動打蛋器打至發泡，加入白砂糖，打至糖完全溶解。

3 …取一些打發的蛋白稀釋開心果膏，再把開心果膏倒回其他的打發蛋白中，然後用橡皮刮刀把磨好的開心果混合粉，用翻拌的方式拌進打發的蛋白中，即成麵糊。

將麵糊放入已裝好圓形擠花嘴的擠花袋中，在鋪有烤盤紙的烤盤上擠出16個（每杯用2個）比玻璃杯直徑小1公分｜2/5吋的圓餅狀。放入烤箱烘烤15分鐘，取出放涼。

製作開心果慕斯

4 …吉利丁片放到一小碗冰水中，泡10分鐘至軟。

將一個大的攪拌圓盆放入冷凍庫冰。另取一個攪拌圓盆，放入蛋黃、白砂糖，用打蛋器打至顏色變淡，加入開心果膏混合。

把吉利丁片的水瀝乾，用力擠壓掉多餘的水分。

5 …牛奶倒入鍋中煮至即將沸騰，將熱牛奶的1/3量倒入蛋黃的混合液裡（為了調溫），並用打蛋器充分攪拌混合，再將混合好的奶蛋液全部倒回鍋中，加入食用綠色色素，以小火加熱。邊加熱邊用木匙攪拌，直到奶蛋醬變濃稠成醬。當醬的濃度可裹覆湯匙，並且手指在裹覆醬的湯匙背面清楚地畫出一條線（或提起湯匙而醬不會滴落）時表示煮好了。注意：醬絕對不可以煮至沸騰，醬的溫度上限是 85°C ｜185°F。

奶蛋醬一旦達到理想的濃度，立即離火，加入瀝乾的吉利丁片混合。為了防止它繼續增溫，將奶蛋醬整個倒入一個大的攪拌圓盆中，不停地攪拌5分鐘以保持滑順口感，在室溫中放涼。

製作櫻桃果醬

6 …吉利丁片放到一小碗冰水中，泡10分鐘至軟。

將白砂糖、果膠粉倒入一個大的攪拌圓盆中混合。水倒入鍋中煮至微溫，加入混合好的白砂糖和果膠粉煮至即將沸騰，加入酸櫻桃，以小火煮5分鐘，離火。再加入擠乾水分的吉利丁片溶化，拌勻成櫻桃果醬。

將櫻桃果醬倒入烤盤裡，冷卻約10分鐘。

完成開心果慕斯和組合

7 …將½量的櫻桃果醬倒入每個玻璃杯裡當作第一層醬，放入冷凍庫冰至凝固。

同時，從冷凍庫中取出冰好的攪拌圓盆裝冰的鮮奶油，用打蛋器使勁地打至濃稠堅挺。將做法5中冷卻的開心果慕斯用打蛋器打至滑順後，倒入櫻桃白蘭地，再用橡皮刮刀以輕柔翻拌的方式，加入打發鮮奶油，混合成開心果慕斯，放於室溫。

8 …從冷凍庫取出裝了第一層櫻桃果醬的玻璃杯，依序放一片圓形開心果達克瓦滋→倒入一層開心果慕斯覆蓋（用½量），放入冷凍庫冰至凝固，約10分鐘。

接著依序倒入第二層櫻桃果醬，冷凍10分鐘→放上第二片達克瓦滋→倒入剩餘的開心果慕斯覆蓋，再次冷凍凝固。

欲食用時，在每個杯裡放上烤好的酥脆甜餅顆粒、開心果，並且以櫻桃裝飾。

Verrines Mont-Blanc
蒙布朗慕斯

蛋白霜圓餅
蛋白霜麵糊（參照p.338）180克

栗子細麵條
無糖栗子膏200克｜7盎司
蘭姆酒2大匙
無糖栗子泥400克｜14盎司
栗子餡200克｜7盎司

鮮奶油香堤
鮮奶油香堤（參照基礎食譜p.374）
500克｜4杯

裝飾
糖漬栗子8顆

用具
8個玻璃杯：容量180毫升｜6盎司，
直徑7公分｜2¾吋×高7公分｜2¾吋
擠花袋套上口徑14釐米｜½吋的圓形擠花嘴
擠花袋套上蒙布朗專用擠花嘴
或者口徑10釐米｜2/5吋的圓形擠花嘴
隨意選用星形擠花嘴

製作蛋白霜圓餅

1 …烤箱以100°C｜210°F預熱。
參照p.338製作蛋白霜麵糊。

2 …將蛋白霜放入已套好圓形擠花嘴的擠花袋中，在鋪有烤盤紙的烤盤上，以畫漩渦圖樣的動作擠出8個直徑約6公分｜2 1/3吋的圓餅，放入烤箱烘烤約2小時。
從烤箱取出，放涼後用密封的容器裝好，放在陰涼乾燥的地方。

•••

製作栗子細麵條

3 …將栗子膏、蘭姆酒倒入一個攪拌圓盆中混合稀釋，加入栗子泥、栗子餡混合均勻，放入冰箱冷藏。

製作鮮奶油香堤

4 …參照基礎食譜p.374製作鮮奶油香堤。

組合

5 …將栗子細麵條放入已裝好蒙布朗專用擠花嘴，或者10釐米｜2/5吋的圓形擠花嘴的擠花袋中（若兩種都沒有的話可以使用湯匙）。在玻璃杯底部填入2公分｜3/4吋高的栗子細麵條，上面蓋一片蛋白霜圓餅後，再擠上鮮奶油香堤花。

最後將每顆糖漬栗子切對半，每杯放上半顆糖漬栗子裝飾。

LES GROS GÂTEAUX

大型蛋糕

Intensément Chocolat
極濃巧克力

巧克力馬卡龍餅乾
杏仁粉85克｜¾杯＋2大匙
糖粉80克｜⅔杯
無糖可可粉5克｜1大匙
黑巧克力（可可含量至少70%）
20克｜¾盎司
蛋白60克｜約2個
＋已打發蛋白1大匙
白砂糖70克｜⅓杯

黑巧克力海綿蛋糕
中筋麵粉20克｜2½大匙
馬鈴薯澱粉（Potato Starch）
15克｜1½大匙
無糖可可粉10克｜2大匙
全蛋100克｜約2個
白砂糖50克｜¼杯

可可糖水
白砂糖25克｜2大匙
無糖可可粉5克｜1大匙
水5大匙

巧克力甘納許
黑巧克力（可可含量至少70%）
125克｜4½盎司
鮮奶油125毫升｜½杯
奶油30克｜2大匙

巧克力慕斯
全蛋200克｜約4個
白砂糖40克｜3大匙
黑巧克力（可可含量至少70%）
160克｜5½盎司
奶油40克｜3大匙
鹽1小撮

黑巧克力淋醬
黑巧克力（可可含量至少70%）
100克｜3½盎司
鮮奶油80 毫升｜⅓杯
全脂牛奶40克｜2⅔大匙
白砂糖20克｜1½ 大匙
奶油20克｜1½大匙

裝飾
黑巧克力薄碎片適量
融化的白巧克力適量

用具
空心慕斯模：直徑20公分｜8吋×高4公分｜1½吋
擠花袋套上口徑10釐米｜⅖吋的圓形擠花嘴
紙製圓形蛋糕底盤
甜點毛刷

製作巧克力馬卡龍餅乾

1 …使用p.184材料的份量，參照p.16製作巧克力馬卡龍的麵糊。然後在2個烤盤上鋪好烘焙紙，並在紙上各畫1個直徑20公分｜8吋的圓圈。把馬卡龍麵糊放入已裝好圓形擠花嘴的擠花袋中，在其中一個畫好圓圈的烘焙紙上，從圓的中心往外圍擠出圓形漩渦的麵糊，使填滿圓圈。
烤箱以150°C｜300°F預熱，烘烤約25分鐘，然後取出放涼。

製作黑巧克力海綿蛋糕

2 …烤箱以170°C｜340°F預熱。
中筋麵粉、馬鈴薯澱粉和可可粉混合後過篩。將蛋黃和蛋白分離，把蛋黃放在一個碗裡打散。

3 …蛋白放入一個乾淨且沒有沾附水分的攪拌圓盆中，用電動打蛋器打至發泡，加入白砂糖，繼續打成堅挺的蛋白霜，接著立刻加入蛋黃，用打蛋器輕柔地混合。篩入混合好的麵粉、馬鈴薯澱粉和可可粉，輕柔地混合成麵糊。
把麵糊放入已裝好圓形擠花嘴的擠花袋中，在另一個準備好的烤盤紙上，擠出另一個直徑20公分｜8吋的圓餅，放入烤箱，以170°C｜340°F烘烤12分鐘。

…

製作可可糖水

4 …將白砂糖和可可粉放入鍋中混合，倒入水煮至沸騰，放涼。

製作巧克力甘納許

5 …將黑巧克力放在砧板上用刀切碎，裝到一個攪拌圓盆中。鮮奶油倒入另一個鍋裡煮沸，然後分3次倒在黑巧克力上，每次加入鮮奶油都得以木匙充分混合、攪拌均勻。奶油切成小塊拌入巧克力鮮奶油中，混合至滑順為止。

初步組合

6 …把巧克力馬卡龍圓餅和黑巧克力海綿蛋糕切成可以放入空心慕斯模裡的大小。

取一個大的圓形淺盤，放上跟慕斯模一樣大小的紙製蛋糕底盤。為了方便脫模，沿著慕斯模內側鋪上鋁箔紙，將慕斯模放到蛋糕底盤上。

把巧克力馬卡龍圓餅放到慕斯模裡，倒入巧克力甘納許，放入冰箱冷藏，冰涼使用。

製作巧克力慕斯

7 …使用p.184材料的份量，參照p.156製作巧克力慕斯。
從冰箱取出慕斯模，把慕斯放入已裝好圓形擠花嘴的擠花袋中，在慕斯模裡擠一層漩渦狀的慕斯，再放上黑巧克力海綿蛋糕。用甜點毛刷把可可糖水刷在蛋糕上，刷到蛋糕完全浸濕為止。
將剩下的慕斯擠入慕斯模中，將表面抹平，放入冰箱冷藏2小時。
從冰箱取出慕斯模，脫模，拿掉鋁箔紙，用保鮮膜包好，放入冷凍庫冰30分鐘。

製作黑巧克力淋醬

8 …將黑巧克力放在砧板上用刀切碎，裝到一個攪拌圓盆中。鮮奶油、牛奶和白砂糖一起放入鍋中煮至即將沸騰，然後倒在黑巧克力上，充分攪拌均勻後加入奶油，混合至滑順為止，放涼至微溫，即成黑巧克力淋醬。

9 …把一個涼架放在烤盤內。
當黑巧克力淋醬的溫度降到只剩餘溫時，從冷凍庫取出蛋糕擺在涼架上，拿掉保鮮膜。用大湯勺舀起黑巧克力淋醬淋在蛋糕上，要覆蓋整個蛋糕表面，並用奶油抹刀或刮刀把淋醬抹平，放置2分鐘讓淋醬凝固。

將一把刀插到蛋糕底盤和涼架間把蛋糕稍微抬起，同時用刀將黏在蛋糕底部的多餘淋醬刮除，再沿著側面的底部黏上一圈巧克力碎片。
蛋糕表面則撒上黑巧克力薄片，再以白巧克力液畫上線條裝飾。

主廚的小提醒

組合蛋糕時，可以在底部墊一個和慕斯模一樣大小的蛋糕底盤，有助於蛋糕在組合好之後移動到涼架上淋醬，以及當淋醬凝固後的移動。如果沒有蛋糕底盤可用時，可以用鋁箔紙包覆一片堅固的瓦楞紙來代替使用。

份量：8人份　準備時間：1小時30分鐘　烘焙時間：10分鐘　靜置時間：2小時

Charlotte Framboise

覆盆子夏洛特

手指餅乾海綿蛋糕

參照p.334製作，使用全量

玫瑰糖水

參照p.162玫瑰覆盆子慕斯製作，製作半量

玫瑰慕斯

參照p.162玫瑰覆盆子慕斯製作
吉利丁片多增加3克｜1片
或者吉利丁粉增加2克｜¼大匙
覆盆子500克｜4杯

裝飾

無噴灑農藥玫瑰花1朵

用具

空心慕斯模：直徑20公分｜8吋×高5公分｜2吋
擠花袋套上口徑10釐米｜2/5吋的圓形擠花嘴
擠花袋套上口徑14釐米｜½吋的圓形擠花嘴
紙製圓形蛋糕底盤
甜點毛刷

製作手指餅乾海綿蛋糕

1 …在3個烤盤上鋪好烘焙紙。在其中2張紙上，各畫1個直徑18公分｜7吋的圓圈。參照p.334，將每個材料增加為2倍的份量製作麵糊。

2 …烤箱以170°C｜340°F預熱。
取一部分麵糊放入已裝好10釐米｜2/5吋圓形擠花嘴的擠花袋中，在鋪著空白烘焙紙的烤盤上，擠出35個6×2公分｜2⅓×¾吋的手指狀麵糊。
用網篩將一半的糖粉篩在手指狀麵糊上，放置10分鐘。

…

3 …同時，將剩下的麵糊放入已裝好14釐米｜½吋圓形擠花嘴的擠花袋中。在2個畫有圓圈的烘焙紙上，從圓的中心往外圍擠出圓形漩渦的麵糊，使填滿圓圈，一共擠好2個。

再次在手指餅乾上撒上糖粉，把剩下的另一半糖粉都用完。然後立刻把3個烤盤同時放入烤箱，烤至稍微上色，約10分鐘。

從烤箱取出，完成手指餅乾和2片圓形海綿蛋糕，放涼。

製作玫瑰糖水和玫瑰慕斯

4 …參照p.162，將玫瑰糖水的材料份量減半後製作糖水。製作玫瑰慕斯時，因為夏洛特的高度較高，所以玫瑰慕斯的材料則要比原食譜多增加1片吉利丁片（若用吉利丁粉則增加3克）的份量製作。

組合

5 …取一個大的圓形淺盤，放上跟慕斯模一樣大小的紙製蛋糕底盤。為了方便脫模，沿著慕斯模內側鋪上鋁箔紙。

因為慕斯模的側邊要黏貼手指餅乾，所以2片圓形海綿蛋糕的邊稍微切掉一點，修成直徑約小2公分｜4/5吋（手指餅乾的厚度），而蛋糕厚度則為1公分｜2/5吋。在慕斯模裡放入第一片圓形海綿蛋糕，用甜點毛刷沾一點糖水刷上。將手指餅乾貼著慕斯模內側，垂直放入，餅乾的表面要朝外。

6 ··· 預留一些覆盆子裝飾蛋糕表面用。

用大湯勺舀一些慕斯到慕斯模裡，慕斯上擺幾顆覆盆子，但不要擺得太緊密，再舀入一些慕斯覆蓋住覆盆子。放入第二片圓形海綿蛋糕，用甜點毛刷沾一點糖水刷上。接著，依序重複舀入慕斯→擺放覆盆子→舀入慕斯的動作。

放入冰箱冷藏2小時至凝固。

7 ··· 待慕斯凝固後脫膜，拿掉鋁箔紙。

最後，在夏洛特表面擺放新鮮的覆盆子和玫瑰花瓣裝飾。也可以像p.191的成品中，另外準備鏡面果膠，放入擠花袋中，以畫圓的方式擠在覆盆子上面。

份量：8人份　準備時間：1小時30分鐘　烘焙時間：10分鐘　靜置時間：2小時

Charlotte Rhubarbe Fraises
草莓大黃夏洛特

糖煮大黃泥
參照p.132製作
大黃（削皮切薄片）
240克｜8½盎司
白砂糖23克｜1½大匙
＋白砂糖25克｜2大匙
無糖果膠粉3克｜1小匙
吉利丁片4片｜12克
或者吉利丁粉7克｜1⅓大匙
水50毫升｜3大匙

手指餅乾海綿蛋糕
參照p.334製作，加入色素，
使用全量
綠色食用色素數滴

草莓慕斯
草莓250克｜1¾杯
吉利丁片15克｜5片
或者吉利丁粉9克｜1¼大匙
蛋黃100克｜約5個
白砂糖75克｜⅓杯＋1大匙
全脂牛奶100毫升｜⅓杯＋1大匙
冰的鮮奶油150毫升｜⅔杯

裝飾
中型草莓375克｜2½杯

用具
空心慕斯模：直徑20公分｜
8吋×高5公分｜2吋
擠花袋套上口徑10釐米｜
2/5吋的圓形擠花嘴
紙製圓形蛋糕底盤

製作糖煮大黃泥

1 …使用p.194材料的份量，參照p.132製作糖煮大黃泥。

製作手指餅乾海綿蛋糕

2 …取3個烤盤上鋪好烘焙紙。在其中2張烘焙紙上，各畫1個直徑20公分｜8吋的圓圈，第3張紙上畫1個32×12公分｜12½×5吋的長方形。參照p.334製作麵糊，然後加上數滴綠色食用色素，混合拌匀成綠色麵糊。

…

3 …烤箱以170°C｜340°F預熱。

取一部分的麵糊，用奶油抹刀在事先畫好的長方形內把麵糊抹開填滿，麵糊的厚度需為5釐米｜1/5吋。剩下的麵糊放入已裝好圓形擠花嘴的擠花袋中，在2個畫有圓圈的烘焙紙上，從圓的中心往外圍擠出圓形漩渦的麵糊，使填滿圓圈，一共擠好2個。然後立刻把3個烤盤同時放入烤箱，烘烤約10分鐘。

從烤箱取出，完成1個長方形和2個圓形海綿蛋糕，放涼。

製作草莓慕斯

4 …將一個大的攪拌圓盆放入冷凍庫冰。

草莓洗淨後攤開在布巾上瀝乾，去掉蒂頭。

吉利丁片放到一小碗冰水中，泡10分鐘至軟。

將蛋黃和白砂糖放入一個大的攪拌圓盆中，用打蛋器打至顏色變淡。

把吉利丁片的水瀝乾，用力擠壓吉利丁片，把多餘的水分擠掉。

5 …將牛奶倒入鍋裡煮至即將沸騰。把1/3量的熱牛奶倒入蛋黃的混合液裡（為了調溫），用打蛋器充分攪拌混合，再將混合好的奶蛋液全部倒回鍋中，以小火加熱。邊加熱邊用木匙攪拌，直到奶蛋醬變濃稠成醬。當醬的濃度可裹覆湯匙，並且手指可在裹覆醬的湯匙背面清楚地畫出一條線（或提起湯匙而醬不會滴落）時表示煮好了。注意：醬絕對不可以煮至沸騰，醬的溫度上限是85°C｜185°F。
奶蛋醬一旦達到理想的濃度，立即離火，加入瀝乾的吉利丁片混合。為了防止它繼續增溫，倒入一個攪拌圓盆，不停地攪拌5分鐘以保持滑順口感。醬需放到徹底冷卻。
加入去掉蒂頭的草莓，用手持式攪拌棒或食物調理機混合成慕斯，然後放入冰箱冷藏至慕斯剛剛開始要凝固的程度。

初步組合

6 …取一個大的圓形淺盤，放上跟慕斯模一樣大小的紙製蛋糕底盤。為了方便脫模，沿著慕斯模內側鋪上鋁箔紙。
把長方形的海綿蛋糕倒放在1張烘焙紙上，小心地把烘焙時用的那張烘焙紙撕掉，切成2條5公分｜2吋寬的長條。把其中1條蛋糕貼著慕斯模的內側放正，第2條蛋糕銜接著第1條放好，再將2條蛋糕重疊的地方用刀切掉。

7 …可視狀況將2片圓形海綿蛋糕的邊稍微切掉一點，切成可放入慕斯模的大小，而蛋糕厚度則為1公分｜2/5吋。在慕斯模裡放入第一片圓形海綿蛋糕，然後填入結凍的糖煮大黃泥，放入冰箱冷藏。

完成玫瑰慕斯和組合

8 …從冷凍庫中取出冰好的攪拌圓盆，倒入冰的鮮奶油，用打蛋器使勁地打至濃稠堅挺。把剛要開始凝固的玫瑰慕斯用打蛋器打至滑順後，用橡皮刮刀以輕柔翻拌的方式加入打發鮮奶油混合，放在室溫。

9 …將裝飾用的草莓洗淨後攤開在布巾上瀝乾，然後去掉蒂頭。將其中125克｜7/8杯的草莓切成 5 釐米｜1/5吋的薄片。

從冰箱取出慕斯模。用大湯勺把慕斯舀入慕斯模內，填到半滿，放上第二片海綿蛋糕（1公分｜2/5吋厚）。把切片草莓擺在海綿蛋糕上，再舀入慕斯覆蓋住，慕斯高度不要滿到杯緣，控制在距杯緣下方仍保留一點點空間。

放入冰箱冷藏2小時至凝固。

將剩下的草莓對切，在蛋糕上擺成漂亮的花樣。也可以像p.194的成品中，另外準備鏡面果膠和大黃，先塗抹上鏡面果膠，然後再擺上大黃條裝飾。

L

份量：8人份　準備時間：1小時40分鐘　烘焙時間：1小時50分鐘　靜置時間：約2小時30分鐘

Duchesse
笛雀斯

蛋白霜手指餅乾
參照p.338製作
糖粉60克｜½杯
蛋白60克｜約2個
白砂糖60克｜⅓杯
糖粉（撒表面用）10～15克｜2～3大匙×2次

鬆軟核桃蛋糕
核桃80克｜1杯
糖粉65克｜½杯＋1大匙
低筋麵粉30克｜3½大匙
杏仁粉35克｜⅓杯＋1大匙
蛋白120克｜約4個
紅糖50克｜¼杯

栗子醬
栗子膏50克｜2盎司
蘭姆酒1小匙
無糖栗子泥100克｜3½盎司
栗子餡50克｜2盎司

栗子慕斯
冰的鮮奶油360毫升｜1½杯
吉利丁片6克｜2片
或者吉利丁粉4克｜½大匙
栗子膏100克｜3½盎司
核桃利口酒2大匙
無糖栗子泥30克｜1盎司
栗子餡30克｜1盎司

牛奶巧克力淋醬
牛奶巧克力（可可含量至少39%）150克｜5½盎司
鮮奶油60毫升｜¼杯
全脂牛奶30克｜2大匙
白砂糖15克｜1¼大匙
奶油15克｜1大匙

組合和裝飾
碎糖漬栗子顆粒150克｜5½盎司
完整糖漬栗子1顆

用具
空心慕斯模：直徑20公分｜8吋×高4公分｜1½吋
擠花袋套上口徑8釐米｜⅓吋的圓形擠花嘴
擠花袋套上口徑10釐米｜⅖吋的圓形擠花嘴
紙製圓形蛋糕底盤

製作蛋白霜手指餅乾

1 …烤箱以100°C｜210°F 預熱。

使用p.200材料的份量，參照p.338的做法1～2製作蛋白霜。將蛋白霜放入已裝好8釐米｜$\frac{1}{3}$吋圓形擠花嘴的擠花袋中，在鋪有烘焙紙的烤盤上擠出65個4×1公分｜$1\frac{1}{2}$×$\frac{2}{5}$吋長條。因為蛋糕的外圍全長（圓周）約63公分｜25吋，所以擠出65個。告訴你一個小撇步：在烘焙紙上畫3組平行線，每組平行線間留些空間，平行線寬度為4公分｜$1\frac{1}{3}$吋，然後在平行線內擠出4公分｜$1\frac{1}{2}$吋長，與線垂直的蛋白霜即可。

用網篩在表面撒上一半的糖粉。

2 …放5分鐘後，再次在蛋白霜上撒上糖粉，把剩下的另一半糖粉都用完，立刻將烤盤放入烤箱，烘烤約1小時30分鐘。留意不要讓蛋白霜上色得太快。與其說是烘烤「蛋白霜」，其實是以低溫烘乾蛋白霜。

從烤箱取出，完全放涼後，用密封容器保存。

製作鬆軟核桃蛋糕

3 …取2個烤盤，上面鋪好烘焙紙，並在紙上各畫一個直徑20公分｜8吋的圓圈。

在砧板上將核桃切碎成比5釐米｜$\frac{1}{5}$吋細碎的顆粒，這樣核桃才能通過直徑10釐米｜$\frac{2}{5}$吋的圓形擠花嘴使用。

糖粉、低筋麵粉直接過篩到一個攪拌圓盆內，加入杏仁粉和核桃顆粒混合。

…

4 …蛋白放入一個乾淨且沒有沾附水分的攪拌圓盆中，用電動打蛋器打至發泡，加入白砂糖，繼續打至糖完全溶解。用橡皮刮刀把混合粉、核桃等用翻拌的方式拌進打發的蛋白中，拌勻成麵糊。

烤箱以170°C｜340°F預熱。

將麵糊放入已裝好10釐米｜½吋圓形擠花嘴的擠花袋中，從圓的中心往外圍擠出圓形漩渦的麵糊，使填滿圓圈，一共擠好2個。放入烤箱，烘烤20分鐘。

從烤箱取出，放涼。

製作栗子醬

5 …栗子膏用蘭姆酒稀釋後，加入栗子泥和栗子餡混合成栗子醬。

製作栗子慕斯

6 …將一個大的攪拌圓盆放入冷凍庫冰。

吉利丁片放到一小碗冰水中，泡10分鐘至軟。

栗子膏用核桃利口酒稀釋，加入栗子泥和栗子餡混合。

7 …把吉利丁片的水瀝乾，用力擠壓吉利丁片，把多餘的水分擠掉。將40毫升｜⅙杯的冰鮮奶油倒入一個小鍋裡煮至即將沸騰，加入軟化的吉利丁。取¼量的栗子混合餡放到圓盆中。餡若是冰的，可用微波爐加熱到室溫，或者把圓盆盛在煮著熱水的鍋子上加熱。把熱鮮奶油淋在¼量的餡上攪拌混合，再全部倒回剩下的栗子餡裡混合。

8 …將剩下的冰鮮奶油倒入冷凍過的大攪拌圓盆內，使用電動打蛋器把鮮奶油打至堅挺。用橡皮刮刀以輕柔翻拌的方式，將打發鮮奶油分3次加入混合拌勻。

組合

9 …取一個大的圓形淺盤，放上跟慕斯模一樣大小的紙製蛋糕底盤。為了方便脫模，沿著慕斯模內側鋪上鋁箔紙。

將2片圓形核桃蛋糕的邊稍微切掉一點，切成可以放入慕斯模的大小。在慕斯模裡放入第一片核桃蛋糕。把栗子慕斯放入已裝好10釐米｜2/5吋圓形擠花嘴的擠花袋中，將慕斯模填至半滿，撒滿核桃顆粒。

10…用湯匙把栗子醬均勻地塗抹在第二片核桃蛋糕上，再將蛋糕放到慕斯模中，然後將剩下的栗子慕斯倒入慕斯模填滿，再以抹刀把表面抹平。

放入冰箱冷藏2小時至凝固，取出小心地脫模。蛋糕用保鮮膜包好，再放入冷凍庫冰30分鐘。

製作牛奶巧克力淋醬

11 …將牛奶巧克力放在砧板上用刀切碎，裝到一個攪拌圓盆中。鮮奶油、牛奶和白砂糖一起放入鍋中煮至沸騰，然後倒在牛奶巧克力上，充分攪拌均勻後加入奶油，混合至滑順為止，放涼至微溫，即成牛奶巧克力淋醬。

…

12 ··· 把一個涼架放在烤盤內。

當牛奶巧克力淋醬的溫度降到只剩一點餘溫時，從冷凍庫取出蛋糕擺在涼架上，拿掉保鮮膜。用大湯勺舀起牛奶巧克力淋醬淋在蛋糕上，覆蓋整個蛋糕表面，並且用奶油抹刀或刮刀把淋醬抹平。

放置2分鐘讓淋醬凝固，再把蛋糕移到一個盤子裡。蛋糕的外圍用蛋白霜裝飾，最後擺上1顆糖漬栗子。

Divin
諦凡

牛軋糖杏仁海綿蛋糕
杏仁粉100克｜1杯
糖粉80克｜2/3杯
低筋麵粉40克｜1/3杯
蛋白150克｜約5個
白砂糖110克｜1/2杯＋1大匙
牛軋糖碎塊*25克｜1盎司

牛軋糖慕斯琳奶油醬
奶油125克｜9大匙
全脂牛奶250毫升｜1杯＋1大匙
蛋黃40克｜約2個
白砂糖75克｜1/3杯＋1大匙
玉米澱粉25克｜3大匙
牛軋糖醬200克｜7盎司
牛軋糖碎塊110克｜4盎司

覆盆子果泥凍
吉利丁片6克｜2片
或者吉利丁粉4克｜1/2大匙
檸檬1/2顆
覆盆子300克｜2 1/4杯
白砂糖35克｜2 2/3大匙
水3大匙

組合和裝飾
覆盆子375克｜3杯
糖粉10克

用具
擠花袋套上口徑10釐米｜2/5吋的圓形擠花嘴

*牛軋糖碎塊現成品不易購得，可購買牛軋糖切成小塊使用。

製作牛軋糖杏仁海綿蛋糕

1 …在2個烤盤上鋪好烘焙紙，並在紙上各畫1個直徑22 1/2公分｜9吋的圓圈。

2 …將杏仁粉、糖粉、低筋麵粉放入一個攪拌圓盆裡混合。
把蛋白放入一個乾淨且沒有沾附水分的攪拌圓盆中，用電動打蛋器打至發

泡，加入白砂糖，繼續打至糖完全溶解。用橡皮刮刀把混合好的粉類，用翻拌的方式拌進打發的蛋白中，混合成麵糊。

3 …烤箱以170°C｜340°F預熱。

將麵糊放入已裝好圓形擠花嘴的擠花袋中。在2個畫有圓圈的烘焙紙上，從圓的中心往外圍擠出圓形漩渦的麵糊，使填滿圓圈，一共擠好2個，然後撒上牛軋糖碎塊。

放入烤箱烘烤20分鐘。從烤箱取出，放涼。

製作牛軋糖慕斯琳奶油醬

4 …奶油從冰箱取出，放在室溫軟化。

牛奶倒入鍋中，煮至即將沸騰。

將蛋黃、白砂糖放入一個攪拌圓盆中，用打蛋器打至顏色變淡時，加入玉米澱粉混合。把1/3量的熱牛奶倒入蛋黃混合液裡（為了調溫），用打蛋器充分攪拌混合，再將混合好的奶蛋液全部倒回鍋中加熱，邊加熱邊用打蛋器攪拌，不時地用橡皮刮刀刮鍋子內側，煮至即將沸騰即可。

5 …煮好後離火，放置冷卻10分鐘，在慕斯琳奶油醬還是熱的但不燙手時，加入一半的奶油混合。隨後倒入一個大淺盤中，蓋上保鮮膜，於室溫放涼。

製作覆盆子果凍

6 ··· 吉利丁片放到一小碗冰水中，泡10分鐘至軟。
檸檬榨汁，放於一旁。

7 ··· 使用手持式攪拌棒或食物調理機把覆盆子和白砂糖打成果泥，用濾網過濾，邊過濾邊用湯匙擠壓果泥，盡量將果肉壓過濾網保留下來，只去除籽即可。
在果泥快要濾完時，在濾網裡倒入檸檬汁、水和最後的果肉一同過濾，這樣會比較容易過濾。

8 ··· 把¼量過濾完成的果泥倒入鍋裡煮至微溫，把吉利丁片的水瀝乾，用力擠壓掉多餘的水分後，加入鍋中的熱果泥裡攪拌至溶化，然後再整鍋倒入剩下¾量的果泥（未加熱）裡混合。放入冰箱冷藏30分鐘，讓果泥結凍。

完成牛軋糖慕斯琳奶油醬

9 ··· 牛軋糖慕斯琳奶油醬這時應該已經冷卻成室溫了，如果還是熱的，可以放入冰箱冷藏10分鐘，讓它徹底冷卻。
將牛軋糖慕斯琳奶油醬放入一個大的攪拌圓盆中，用電動打蛋器攪拌至滑順後，加入牛軋糖醬和剩下的另一半奶油，混合至乳化、滑順，最後加入牛軋糖碎塊混合。

組合

IO… 先預留裝飾用的覆盆子，放於一旁。

第一片牛軋糖杏仁海綿蛋糕放在一個大圓盤上。將牛軋糖慕斯琳奶油醬放入已裝好圓形擠花嘴的擠花袋中，在蛋糕上擠薄薄一層漩渦狀的奶油醬。將覆盆子由外圍至中心地擺放，也就是沿著蛋糕邊緣開始擺放，排放好之後輕壓覆盆子，使其陷入奶油醬中。

II … 用奶油抹刀或刮刀把覆盆子以奶油醬完全覆蓋住，把表面抹平成一個平台，然後在平台上沿著邊緣擠一圈奶油醬。放入冰箱冷凍10分鐘後，在這圈奶油醬中間倒入一層高5～6釐米｜¼吋的覆盆子果泥凍，放入冰箱冷藏至凝固。

接著，把第二片牛軋糖杏仁海綿蛋糕翻過來，在背面抹上一層薄薄的奶油醬後再翻回，正面朝上地蓋到覆盆子果泥凍上。

最後撒上一層薄糖粉，並用覆盆子裝飾。

放入冰箱冷藏再食用。

主廚的小提醒

於食用前20分鐘將蛋糕從冰箱取出，搭配覆盆子果泥醬（參照p.384）食用最可口。

份量：8人份　準備時間：2小時＋基礎食譜時間　烘焙時間：30分鐘　靜置時間：2小時

Fraisier, Framboisier
草莓（覆盆子）蛋糕

杏仁海綿蛋糕
奶油50克｜3½大匙
＋奶油（抹烤模用）20克｜1½大匙
低筋麵粉200克｜1⅔杯
＋低筋麵粉（蛋糕烤模用）20克｜2½大匙
全蛋300克｜6個
白砂糖200克｜1杯
杏仁粉50克｜½杯

櫻桃白蘭地糖水
水100毫升｜½杯－1大匙
白砂糖100克｜½杯
櫻桃白蘭地40毫升｜2½大匙
覆盆子利口酒40毫升｜2½大匙

開心果慕斯琳奶油醬
參照基礎食譜p.380製作，使用320克

開心果杏仁醬
杏仁膏250克｜1杯
開心果膏25克｜1½大匙

組合和裝飾
草莓700克｜4⅔杯
草莓適量
紅醋栗適量

用具
圓形蛋糕烤模（烤模邊側與底部垂直）：
直徑21～22公分｜8½ ～ 9吋
空心慕斯模：直徑20公分｜8吋×
高4公分｜1½吋
擠花袋套上口徑10釐米｜⅖吋的圓形擠花嘴
甜點毛刷
擀麵棍

製作杏仁海綿蛋糕與櫻桃白蘭地糖水

I …將抹烤模用的奶油融化，用甜點毛刷刷在烤模上，放入冰箱冰15分鐘使奶油凝固。低筋麵粉過篩。將50克｜3½大匙的奶油放入一個小鍋中以小火融化。

…

2 …將蛋、白砂糖倒入一個耐熱的攪拌圓盆中，用打蛋器混合。
烤箱以170°C｜340°F預熱。
把盛裝蛋汁的攪拌圓盆盛在煮著熱水的鍋子上，用打蛋器打至蛋汁溫度改變（約50°C｜122°F）、變濃稠、顏色變淡，並且體積膨脹3倍。如果使用電動打蛋器操作的話，這個動作大約需要10分鐘；手工操作的話則需要15分鐘。 離火，繼續攪拌至冷卻。

3 …用橡皮刮刀一點一點地將低筋麵粉翻拌進蛋糊裡，再拌入杏仁粉和融化的奶油，用打蛋器輕柔地混合。邊轉動著圓盆，邊用刮刀由圓盆正中心切入，將材料往盆緣推，再回到正中心的畫圈動作翻拌，這樣可以做好混合均勻的動作。
在烤模上撒層薄薄的麵粉後，把烤模倒放輕敲，倒出多餘的麵粉。立刻倒入麵糊，放入烤箱烘烤約30分鐘。

4 …在烘烤海綿蛋糕的同時，製作櫻桃白蘭地糖水。
將水和白砂糖倒入鍋中煮至沸騰，放涼。
把櫻桃白蘭地、覆盆子利口酒倒入冷卻的糖水。
接著，看看蛋糕烘烤的情形。將海綿蛋糕的正中心用刀尖插刺測試烘焙程度，如果蛋糕烤好了，刺入的刀尖會是乾淨不沾蛋糕屑。
從烤箱取出蛋糕，放涼5分鐘後再脫模，擺到涼架上完全放涼。

●●·

製作開心果慕斯琳奶油醬

5 …參照基礎食譜p.380的做法1～4，製作慕斯琳奶油醬，放涼。

草莓洗淨後攤開在布巾上瀝乾，去掉蒂頭。

將冷卻的慕斯琳奶油醬放入一個大的攪拌圓盆中，用電動打蛋器打至滑順，加入開心果膏和剩下的另一半奶油，攪拌至完全乳化、滑順。

組合

6 …用鋸齒刀把杏仁海綿蛋糕顏色太深的底部切掉一層，再將蛋糕橫切成2片1公分｜2/5吋厚的蛋糕層。把蛋糕切成可以放入慕斯模的大小（也可以把慕斯模放在蛋糕上用力壓下裁切）。

7 …取一個大的圓形淺盤，放上跟慕斯模一樣大小的紙製蛋糕底盤，再將慕斯模放到圓盤上。為了方便脫模，沿著慕斯模內側鋪上鋁箔紙。放入第一層杏仁海綿蛋糕，刷上少許櫻桃白蘭地糖水。將開心果慕斯琳奶油醬放入已裝好圓形擠花嘴的擠花袋中，在蛋糕層上擠出一層漩渦狀的奶油醬。沿著慕斯模，如p.213成品圖般把一些對切的草莓切面朝外（貼著慕斯模內側）地擺放。中間擺滿整粒的草莓，然後輕壓草莓，使其稍微壓入奶油醬內。用奶油醬覆蓋住所有的草莓，填滿所有空隙後，把表面抹平成一個平台。接著放上第二層杏仁海綿蛋糕，刷上少許櫻桃白蘭地糖水，然後用剩下的奶油醬把慕斯模填滿，抹平表面。

以開心果杏仁醬裝飾

8 ···用雙手將杏仁膏、開心果膏混合在一起。在乾淨的桌面上，用擀麵棍將混合膏擀成1釐米厚的薄皮，蓋在蛋糕表面後切除多餘的皮。

蛋糕放入冰箱冷藏2小時。

取出後小心地脫模，裝飾用的草莓對切放表面，再加上紅醋栗裝飾。

試試變化款

如果想要製作覆盆子蛋糕，可以用700克｜5⅔杯的覆盆子取代700克｜4⅔杯的草莓即可。

Harmonie
哈曼妮

開心果馬卡龍
杏仁粉150克｜1½杯
生的去殼開心果75克｜⅔杯
糖粉210克｜1¾杯
蛋白150克｜約5個
＋蛋白50克｜約1個
白砂糖 175克｜¾杯＋2大匙
綠色食用色素數滴或色膏少許

開心果慕斯琳奶油醬
參照基礎食譜p.380，將材料份量減半製作，使用約160克
生的去殼開心果40克｜⅓杯

組合和裝飾
草莓400克｜2¾杯
覆盆子100克｜¾杯
生的去殼開心果適量

用具
擠花袋套上口徑10釐米｜⅖吋的圓形擠花嘴

製作開心果馬卡龍

1 …在2個烤盤上鋪好烘焙紙，並在紙上各畫1個直徑25公分｜10吋的圓圈。將杏仁粉、開心果、糖粉一同放入食物調理機磨成更細的粉末，再用濾網去除其中較粗大的顆粒，這個步驟很重要。

2 …把5個蛋白放入一個乾淨且沒有沾附水分的攪拌圓盆中，用電動打蛋器打至發泡。等蛋白產生泡沫後，先加入⅓量的白砂糖，繼續打至糖完全溶解，再加⅓量的白砂糖，繼續打1分鐘，最後加入剩下的白砂糖再打1分鐘。用橡皮刮刀將混合好的杏仁糖粉等，輕柔地以由底部翻拌上來的方式和打好的蛋白混合。另取一個攪拌圓盆，將剩下的1個蛋白打至起泡沫後加入先前的麵糊，同時加入數滴綠色食用色素，然後用輕柔混拌的方式稀釋麵糊。

3 …將麵糊放入已套好圓形擠花嘴的擠花袋中，在其中一張烘焙紙上，描著事先畫好的圓圈，擠一圈均整的圓圈狀，這是要用來作蛋糕邊框的。在另一張烘焙紙上，從圓的中心往外圍擠出圓形漩渦的麵糊，使填滿圓圈。
烤箱以160°C｜325°F預熱。
麵糊都靜置10分鐘，使麵糊的表面形成一層不沾手的薄皮再放入烤箱。放入烤箱後，圓圈狀的麵糊烤約15分鐘；圓形麵糊烘烤20～25分鐘。
從烤箱取出，放涼。這裡要注意在馬卡龍圓圈冷卻前不要把它從烤盤裡取出，會碎掉。

製作開心果慕斯琳奶油醬

4 …參照基礎食譜p.380的做法1～4，製作開心果慕斯琳奶油醬，放涼。
將開心果放在砧板上用刀切碎，或者用食物調理機打碎。
草莓洗淨後攤開在布巾上瀝乾，去掉蒂頭。

5 …將冷卻的慕斯琳奶油醬放入一個大的攪拌圓盆中，用電動打蛋器打至滑順，加入開心果膏和剩下的另一半奶油， 攪拌至完全乳化、滑順。

組合

6 …把馬卡龍圓餅底朝上地放到一個大圓盤中。開心果慕斯琳奶油醬放入已裝好圓形擠花嘴的擠花袋中，在蛋糕層上擠出5釐米｜1/5吋厚的一層漩渦狀奶油醬。

小心地從烤盤裡取出馬卡龍圈，輕放在擠好的奶油醬上。

草莓對切，在蛋糕上擺出漂亮的樣子，再放上覆盆子，撒些切碎的開心果碎裝飾。

主廚的小提醒

建議搭配草莓或覆盆子果泥醬（參照p.382、p.384），還有開心果冰淇淋一同食用。

份量：8人份　準備時間：1小時30分鐘＋基礎食譜時間　烘烤時間：基礎食譜時間
靜置時間：2小時＋基礎食譜時間

Millefeuille Praliné

果仁糖千層塔

焦糖千層酥皮麵糰

參照基礎食譜p.362製作，使用約6成

果仁糖慕斯琳奶油醬

參照基礎食譜p.381製作，使用約800克

焦糖杏仁和榛果

水2大匙

白砂糖70克｜⅓杯

整粒杏仁50克｜⅓杯

整粒榛果50克｜⅓杯

酥脆焦糖榛果杏仁果仁糖

牛奶巧克力35克｜1盎司

奶油10克｜¾大匙

杏仁和榛果果仁糖150克｜5½盎司

可麗餅脆片

或者其他酥脆奶油薄餅60克｜2盎司

裝飾

紅糖適量

用具

糖漿專用溫度計

擠花袋套上口徑10釐米｜⅖吋的圓形擠花嘴

製作焦糖千層酥皮

1 …參照基礎食譜p.362，製作焦糖千層酥皮的酥皮麵糰，需完成可以切出3片18×24公分｜7×9½吋長方形酥皮的大小。

製作果仁糖慕斯琳奶油醬

2 …參照基礎食譜p.381的做法1～4，製作果仁糖慕斯琳奶油醬，放涼。

•••

製作焦糖杏仁和榛果

3 …將水、白砂糖倒入鍋中煮至沸騰，繼續煮讓它沸騰2分鐘 （用溫度計測量的話，溫度為118°C｜244°F），離火，加入整粒杏仁和榛果，攪拌到變成粗顆粒泥沙狀。然後再放回爐子上，加熱到裹覆堅果的糖焦糖化，離火。

用橡皮刮刀把杏仁和榛果平鋪在一張烘焙紙上，因為焦糖非常燙，操作時要特別謹慎。放涼。

製作酥脆焦糖榛果杏仁果仁糖

4 …將牛奶巧克力放在砧板上用刀切碎，奶油切小塊。

將牛奶巧克力和奶油放入一個耐熱圓盆中，把圓盆盛到煮著熱水的鍋子上，隔水加熱慢慢地融化，離火，持續讓巧克力奶油保持在微溫的熱度，接著加入杏仁和榛果果仁糖，再加入可麗餅脆片混合。

混合好後倒在一張烘焙紙上，抹開成18×24公分｜7×9½吋的長方形，為了成品美觀，長方形的邊要抹直。放入冷凍庫中冷凍，等一下烘焙紙較容易撕下。

完成果仁糖慕斯琳奶油醬和成品組合

5 …將冷卻的果仁糖慕斯琳奶油醬放入一個大的攪拌圓盆中，用電動打蛋器打至滑順，加入杏仁和榛果果仁糖、剩下的另一半奶油，攪拌至完全乳化、滑順。

6 …把焦糖千層酥皮切成3片18×24公分｜7×9½吋的長方形。這裡要注意，因為一片要蓋在最上面，另一片要墊在最底部，所以需要有2片酥皮是切得漂亮的完整長方形。而夾在中間的那層，若是由碎成數片的酥皮拼成也沒關係。
用刀子大約切碎焦糖杏仁和榛果。

7 …將果仁糖慕斯琳奶油醬放入已裝好圓形擠花嘴的擠花袋中。在最底層的酥皮上擠一層250克｜9盎司的奶油醬，撒上碎焦糖杏仁和榛果顆粒。疊上第二片酥皮，再擠上125克｜4½盎司的奶油醬，將酥脆焦糖榛果杏仁果仁糖烘焙紙那面朝上地擺在奶油醬上，撕掉烘焙紙，再把剩下的奶油醬擠在果仁糖上，最後蓋上第三片酥皮。
用紅糖裝飾， 放入冰箱冷藏至食用為止。

LES VIENNOISERIES

甜麵包

份量：60克的12個或30克的25個　準備時間：30分鐘＋基礎食譜時間
烘焙時間：每次12～15分鐘　靜置時間：約2小時30分鐘＋基礎食譜時間

Brioches au Sucre
砂糖布里歐修

布里歐修麵糰（參照基礎食譜p.368）750克｜26½盎司
中筋麵粉（防沾手粉用）20克｜2½大匙
全蛋50克｜約1個
珍珠糖*80克｜3盎司

用具 甜點毛刷

*珍珠糖（Pearl Sugar）是一種耐高溫、糖度較低且含水量較高的糖。經過加熱後仍能保有糖的顆粒，使得食用時口感更具層次。

1 …將麵糰放在撒上麵粉的桌面上，整型成長條狀。
分割成12等分的麵糰，每個麵糰約60克｜2⅖盎司。

2 …用掌心把每個麵糰壓扁，將麵糰四周往中間折疊般揉成圓球形。
把圓球型麵糰放到鋪有烘焙紙的烤盤上，蓋上擰乾了的薄濕毛巾，靜置於室溫發酵，讓麵糰發酵膨脹為原來的2倍大小（約2小時30分鐘）。
室溫越高（但不可超過28°C｜82.4°F）越快發好。

3 …烤箱以180°C｜350°F預熱。
將蛋放入一個碗裡打散，用甜點毛刷將蛋汁刷在麵糰上，然後撒上珍珠糖裝飾。
放入烤箱烘烤12～15分鐘，烤至呈金黃色。

4 …從烤箱取出，稍微放涼後溫熱食用。

主廚的小提醒
麵糰在發酵時用一條薄濕毛巾蓋著，可以防止麵糰表面乾掉而形成硬皮。

份量：8個　準備時間：1小時＋基礎食譜時間　烘焙時間：12分鐘

Bostocks

巴斯塔克

橙花純露糖水

水250毫升｜1杯

白砂糖375克｜1¾杯＋2大匙

杏仁粉30克｜⅓杯

橙花純露25克｜1⅔大匙

布里歐修麵包

圓筒狀或長條吐司狀布里歐修麵包（長20公分｜8吋）1個

陳年黑蘭姆酒（建議使用農業蘭姆酒）5大匙

杏仁奶油醬

杏仁奶油醬（參照基礎食譜p.372）160克｜5½盎司

杏仁片100克｜1杯

裝飾

糖粉適量

用具

擠花袋套上口徑10釐米｜⅖吋的圓形擠花嘴

製作橙花純露糖水

1 …將水、白砂糖、杏仁粉一同倒入鍋中煮至即將沸騰，離火，加入橙花純露拌勻。

準備布里歐修麵包

2 …將布里歐修麵包切成2公分｜¾吋的厚片。

在有深度的烤盤裡放一個涼架，用漏勺將布里歐修麵包片浸入橙花純露糖水中，快速沾一下後撈出，放在涼架上滴乾、放涼。

•••

把布里歐修麵包片放到鋪有烘焙紙或鋁箔紙的烤盤上，然後表面撒點蘭姆酒。

製作杏仁奶油醬

3 …參照基礎食譜p.372製作杏仁奶油醬。

烤箱以170°C｜340°F預熱。將杏仁奶油醬放入已裝好圓形擠花嘴的擠花袋中，在布里歐修麵包片上，擠一層2釐米｜1/10吋厚的奶油醬，然後撒上杏仁片。

4 …放入烤箱烘烤約12分鐘，完全放涼後撒上糖粉。

建議在製作當日食用。

份量：小的12個或大的2個　準備時間：1小時30分鐘＋基礎食譜時間　烘焙時間：20～40分鐘
靜置時間：約7小時30分鐘

Kouglof
咕咕霍夫

布里歐修麵糰
無籽黃金葡萄乾150克｜1杯
布里歐修麵糰（參照基礎食譜p.368）750克｜26½盎司
奶油50克｜3½大匙
奶油（抹烤模用）50克｜3½大匙

橙花純露糖水
水2公升｜8杯
白砂糖300克｜1½杯
杏仁粉25克｜¼杯
橙花純露20克｜1⅓大匙

裝飾
杏仁片（大烤模使用）適量
糖粉適量

用具
12個小的咕咕霍夫烤模：直徑9公分
或者2個大的咕咕霍夫烤模：直徑19公分｜7½吋
（可使用Bundt蛋糕烤模取代）
甜點毛刷

製作布里歐修麵糰

1 …葡萄乾放入一碗熱水中浸泡1小時，使其變軟。
同時，參照基礎食譜p.368的做法1～2製作布里歐修麵糰。麵糰揉好後，加入瀝乾水分，並以毛巾擦乾的葡萄乾。

2 …麵糰放到一個大的攪拌圓盆或陶製圓盆裡，用薄濕毛巾或保鮮膜蓋住麵糰，靜置於室溫發酵，讓麵糰發酵膨脹為原來的2倍大小（約2小時30分鐘）。以拉起麵糰往中心折疊的方式消氣，讓麵糰恢復成原來的大小。用薄濕毛巾蓋住麵糰，放入冰箱冷藏2小時30分鐘。冷藏過程中，

…

麵糰會再度膨脹，所以從冰箱取出後，需再次以拉起麵糰往中心折疊的方式消氣，讓麵糰恢復成原來的大小，這樣麵糰便可以使用了。

3 …烤模塗抹上奶油。

如果使用1人份的小咕咕霍夫烤模，需將麵糰分割成70克｜2½盎司大小，用掌心將每個麵糰稍微壓扁，把麵糰四周往中間拉，整型成圓球形。拇指沾點麵粉（材料以外）後插入麵糰中心，然後把麵糰有洞的那面朝下地放入烤模中。

如果使用大的咕咕霍夫烤模，需將麵糰分割成2等份，在烤模內側撒上杏仁片，放入麵糰。

無論是使用哪一種烤模，都要再次讓麵糰發酵膨脹為原來的2倍大小（約2小時30分鐘），室溫越高（但不可超過28°C｜82.4°F）越快發好。

製作橙花純露糖水

4 …將水、白砂糖倒入鍋中煮至即將沸騰，離火，立刻加入杏仁粉攪拌混合，放涼到剩微溫時再加入橙花純露拌勻。

製作咕咕霍夫

5 …烤箱以180°C｜350°F預熱。烤模放入烤箱，小的咕咕霍夫烘烤20分鐘，大的則烘烤40分鐘，出爐後放涼5分鐘，然後脫模。將溫熱的橙花純露糖水倒入圓盆，把咕咕霍夫直接放到圓盆內滾動沾取糖水，或者把咕咕霍夫放到涼架上，用糖水來回澆淋數次也可以。

把奶油融化，用甜點毛刷刷在咕咕霍夫上，讓咕咕霍夫保持柔軟濕潤。最後撒上糖粉即可食用。

L

份量：12個　準備時間：1小時　烘焙時間：25分鐘　靜置時間：約3小時15分鐘

Kouign Amann

昆妮雅曼奶油酥

低筋麵粉250克｜2杯
蕎麥粉25克｜3⅓大匙
鹽之花或其他種粗顆粒海鹽5克｜1小匙
新鮮酵母5克｜⅙盎司
水175毫升｜¾杯
冰的奶油225克｜1杯
奶油（抹烤模用）20克｜1½大匙
白砂糖225克｜1 杯＋2大匙

用具

12個空心慕斯模：直徑9公分｜3½吋
擀麵棍

1 …把低筋麵粉和蕎麥粉放入一個大的攪拌圓盆中，將鹽放在低筋麵粉的一邊，新鮮酵母則以指尖壓成小碎塊後放在另一邊。
注意：新鮮酵母不可以在混合麵糰前碰到鹽，否則不會發酵。然後加入水混合均勻，讓麵糰在室溫中發酵1小時。

2 …把冰的奶油放在一張烘焙紙上，用擀麵棍擀壓使其軟化，藉由烘焙紙的幫助，將奶油不斷地往中心對折，然後重複擀壓軟化的動作，直到奶油的硬度和麵糰相同。

•••

3 ⋯ 把麵糰擀成約20×60公分｜8×23½吋的長方形麵皮，用奶油蓋滿⅔張的麵皮，把麵皮沒有奶油的⅓向中心折疊，蓋到有奶油的部分上，再把麵皮另外⅓（有奶油）的部分也向中心折疊，如同折信紙般。將麵糰放入冰箱鬆弛30分鐘。

把這包裹奶油的麵糰（法文稱為pâton）擀壓成長方形。再次折三折，放入冰箱鬆弛30分鐘。

4 ⋯ 在桌面上撒滿白砂糖，將麵糰擀壓成長方形後撒上白砂糖，折成三折，放入冰箱鬆弛30分鐘。讓麵糰的兩面都沾滿白砂糖，然後擀成4釐米｜⅙吋厚，33×44公分｜13×17⅓吋大小的薄麵皮，再將麵皮切成11×11公分｜4½×4½吋的正方片，一共10片。

5 ⋯ 烤模塗抹上奶油。將正方形麵皮的四個角往內折到中心，用掌心輕壓，然後再次將四個角往內折到中心，再用掌心輕壓。

烤箱以180°C｜350°F預熱。

把折好的麵皮放到塗了奶油的烤模中，讓它發酵膨脹為原來的2倍大小（約45分鐘），然後放入烤箱烘烤25分鐘。

主廚的小提醒

昆妮雅曼奶油酥在當日，並且在室溫下食用，口感和風味最佳。

份量：20個　準備時間：1小時＋覆盆子果醬時間　油炸時間：每次3～4分鐘
靜置時間：約4小時

Beignets Framboise

覆盆子甜甜圈

覆盆子果醬

覆盆子果醬（參照p.24）250克｜1杯

發酵種

低筋麵粉265克｜2杯＋2大匙

新鮮酵母5克｜⅙盎司

微溫的水170毫升｜¾杯－1大匙

甜甜圈麵糰

低筋麵粉235克｜1¾杯＋1大匙

低筋麵粉（防沾手粉用）20克｜2½大匙

白砂糖65克｜⅓杯

新鮮酵母7.5克｜¼盎司

鹽10克｜2小匙

蛋黃100克｜約5個

全脂牛奶50毫升｜3⅓大匙

奶油（已軟化）65克｜4½大匙

炸油適量

裝飾

白砂糖50克｜¼杯

肉桂粉2小撮

用具

擠花袋套上口徑10釐米｜⅖吋的圓形擠花嘴

油炸機或厚重油鍋配溫度計

製作發酵種

1 …把低筋麵粉放入一個大的攪拌圓盆中。酵母放入微溫的水中溶解，倒入低筋麵粉裡混合。

靜置於室溫發酵，讓麵糰發酵膨脹為原來的2倍大小（約1小時）。

製作甜甜圈麵糰

2 …把低筋麵粉和白砂糖放入一個大的攪拌圓盆中。分別在低筋麵粉的不同邊放入鹽和酵母，在混合前不要讓鹽碰到酵母。加入蛋黃、牛奶立刻

…

混合，用力揉合，混合至麵糰不再黏附於圓盆內側為止，然後加入軟化的奶油，再加入做好的發酵種，完全混合均勻。

靜置於室溫發酵，讓麵糰發酵膨脹為原來的2倍大小（約1小時）。拍打麵糰讓它消氣後，整型成圓球形，放入冰箱冷藏30分鐘。

製作甜甜圈

3 …麵糰冷卻後，分割成每個50克｜2盎司的大小，揉成圓球型，放在撒有麵粉的布巾上，放到溫暖的角落（25°～28°C｜77°～82.4°F），讓麵糰發酵膨脹為原來的2倍大小（約1小時30分鐘）。

4 …油鍋熱油至160～170°C｜325～340°F，小心地將麵糰放進熱油中炸。將兩面都炸成金褐色（3～4分鐘）。用濾勺或濾網撈起甜甜圈，放到紙巾上吸油，放涼。

5 …甜甜圈完全放涼後，將覆盆子果醬放入已裝好圓形擠花嘴的擠花袋中，在每個甜甜圈裡注入果醬。白砂糖和肉桂粉混合後，把甜甜圈放入其中滾動，裹上白砂糖和肉桂粉即可享用。

份量：20個　準備時間：30分鐘　油炸時間：每次約2分鐘　靜置時間：1小時

Bugnes
天使之翼

檸檬（表皮未打蠟）1顆
白砂糖25克｜2大匙
鹽之花或其他種粗顆粒海鹽2小撮
橙花純露1大匙
全蛋100克｜約2個
奶油75克｜5大匙
低筋麵粉250克｜2杯
低筋麵粉（防沾手粉用）20克｜2½大匙
炸油適量

裝飾
糖粉適量

用具
研磨器
擀麵棍
油炸機或厚重油鍋配溫度計
波浪齒滾刀輪（非必要）

1 …用研磨器將檸檬皮黃色的部分刮下，放入小碗裡，加入白砂糖混合。將鹽放入另一個碗中，倒入橙花純露溶解鹽，備用。
從冰箱取出蛋，放置於室溫。

2 …奶油放入一個耐熱的攪拌圓盆中，再把圓盆盛到一個煮著熱水的鍋子上隔水加熱，也可以使用微波爐加熱，使奶油軟化成乳霜狀，但避免讓奶油過熱至融化。

•••

加入白砂糖和檸檬皮屑，用打蛋器打至乳霜狀，然後以一次加入1個蛋的方式混合，加入溶有鹽的橙花純露，然後加入低筋麵粉混合均勻成麵糰。讓麵糰鬆弛1小時。

3 …將麵糰分成2～3等分（小一點的麵糰比較容易擀開）。將麵糰放在撒上麵粉的桌面上，用擀麵棍將麵糰擀成1釐米薄的薄片。
用波浪齒滾刀輪或刀切成10公分｜4吋長、4～5公分｜1½～2吋寬的菱形。 在每個菱形的中心縱向割一刀約3公分｜1¼吋長的切口。

4 …油鍋熱油至160～170°C｜325～340°F，小心地將麵糰放進熱油中炸，炸約2分鐘，中間翻面一次。用濾勺或濾網撈起天使之翼，放到紙巾上吸油，完全冷卻後撒上糖粉。

份量：18～40個（依模型大小）　準備時間：20分鐘　烘焙時間：每次6～8分鐘
靜置時間：至少一晚＋10分鐘

Financiers
費南雪

奶油95克｜6½大匙
奶油（抹烤模用）20克｜1½大匙
糖粉195克｜1⅔杯
低筋麵粉70克｜½杯＋1大匙
低筋麵粉（烤模用）20克｜2½大匙
杏仁粉65克｜⅔杯
泡打粉2小撮（約⅛小匙）
蛋白180克｜約6個
香草精1小匙

用具
迷你費南雪烤模：2½×5公分｜1×2吋
或者費南雪烤模：4½×8½公分｜1¾×3½吋，
也可用船型塔模：9×4公分｜3½×1½吋
甜點毛刷

先在前一日製作好費南雪麵糊。

1 …奶油放入一個小鍋中加熱融化，持續用中火煮到呈金褐色。當奶油煮到榛果色成為榛果奶油時，離火，立刻把鍋底浸泡在冷水裡防止升溫，避免奶油繼續變焦，放涼至微溫。

2 …將糖粉、低筋麵粉、杏仁粉和泡打粉放入一個大的攪拌圓盆中混合（或者將這些材料全部放入食物調理機混合，打成更細的粉末）。為了避免結塊，邊將蛋白一點點加入，邊用橡皮刮刀攪拌混合，然後加入香草精和微溫的奶油混合成麵糊。放入冰箱冷藏至少12小時。

•••

3 …隔日，融化烤模用的奶油，用甜點毛刷塗在烤模上，放入冰箱冷藏10分鐘，讓奶油凝固。

烤箱以210°C｜410°F預熱。

當烤模裡的奶油冷卻了，在烤模上撒層薄薄的麵粉後，把烤模倒放輕敲，倒出多餘的麵粉， 將麵糊填入烤模至烤模的¾滿。

4 …放入烤箱烘烤6～8分鐘，烤至呈金黃色。從烤箱取出，稍微放涼後脫模，再放置在涼架上完全放涼。

主廚的小提醒

這個麵糊可放在密封容器裡冷藏保鮮2～3天，要烘烤時只要取出想要使用的份量即可。烤好的費南雪完全放涼後，放入密封容器中保存，大約可以保鮮3～4天。

份量：12～35個（依模型大小）　準備時間：20分鐘　烘焙時間：每次6～8分鐘
靜置時間：至少一晚＋10分鐘

Financiers Pistache

開心果費南雪

奶油125克｜9大匙
奶油（抹烤模用）20克｜1½大匙
糖粉55克｜½杯－1大匙
低筋麵粉50克｜⅓杯＋1大匙
低筋麵粉（烤模用）20克｜2½大匙
開心果粉15克｜2大匙
杏仁粉35克｜⅓杯＋1大匙
泡打粉3小撮（約⅕小匙）
蛋白120克｜約4個
開心果膏25克｜1½大匙

用具

迷你費南雪烤模：2½×5公分｜1×2吋
或者費南雪烤模：4½×8½公分｜1¾×3½吋，也可用船型塔模：9×4公分｜3½×1½吋
甜點毛刷

主廚的小提醒

這個麵糊可放在密封容器裡冷藏保鮮2～3天，要烘烤時只要取出想要使用的份量即可。烤好的費南雪完全放涼後，放入密封容器中保存，可以保鮮3～4天。

先在前一日製作好費南雪麵糊。

1 … 奶油放入一個小鍋中加熱融化，持續用中火煮到呈金褐色。當奶油煮到榛果色成為榛果奶油時，離火，立刻把鍋底浸泡在冷水裡防止升溫，避免奶油繼續變焦，放涼至微溫。

2 … 將糖粉、低筋麵粉、開心果粉、杏仁粉和泡打粉放入一個大的攪拌圓盆中混合。為了避免結塊，邊將蛋白一點點加入，邊用橡皮刮刀攪拌混合成麵糊。

3 … 取一部分剛才混合好的麵糊、開心果膏放入一個小圓盆中混合，再將整盆全部倒回麵糊裡，加入微溫的融化奶油，攪拌混合成開心果麵糊，放入冰箱冷藏至少12小時。

4 … 隔日，烤箱以210°C｜410°F預熱。
融化烤模用的奶油，用甜點毛刷塗在烤模上，放入冰箱冷藏10分鐘，讓奶油凝固。當烤模裡的奶油冷卻了，在烤模上撒層薄薄的麵粉後，把烤模倒放輕敲，倒出多餘的麵粉，將麵糊填入烤模至烤模的¾滿。

5 … 放入烤箱烘烤6～8分鐘，烤至呈金黃色。從烤箱取出，稍微放涼後脫模，再放置在涼架上完全放涼。

份量：24個瑪德蓮或60個迷你瑪德蓮　準備時間：20分鐘　烘焙時間：每次6～10分鐘
靜置時間：至少一晚＋15分鐘

Madeleines
瑪德蓮

檸檬（表皮未打蠟）2顆
白砂糖160克｜¾杯＋1大匙
低筋麵粉175克｜1⅓杯＋1大匙
低筋麵粉（烤模用）20克｜2½大匙
泡打粉10克｜2小匙
奶油180克｜12½大匙
奶油（抹烤模用）20克｜1½大匙
全蛋200克｜約4個
蜂蜜或綜合花蜜或刺槐蜂蜜35克｜1⅔大匙

用具
瑪德蓮烤模
研磨器
甜點毛刷

先在前一日製作好瑪德蓮麵糊。

1 …用研磨器將檸檬皮黃色的部分刮下，放入小碗裡，加入白砂糖混合。
將低筋麵粉和泡打粉過篩後放入另一個攪拌圓盆中。
奶油放入一個小鍋，以小火煮融。

2 …將混合好的檸檬皮屑和白砂糖放入一個大的攪拌圓盆中，加入蛋、蜂蜜，用打蛋器打至顏色變淡和起泡，拌入混合好的麵粉和泡打粉攪拌，然後加入融化的奶油混合成麵糊。把麵糊裝入密封容器中，放入冰箱冷藏至少12小時。

•••

3 …隔日，融化烤模用的奶油，用甜點毛刷塗在烤模上，放入冰箱冷藏15分鐘，讓奶油凝固。當烤模裡的奶油冷卻了，在烤模上撒層薄薄的麵粉後，把烤模倒放輕敲，倒出多餘的麵粉，如果沒有要立刻繼續操作的話，要再放回冰箱冷藏。

4 …烤箱以200°C｜390°F預熱。

5 …將麵糊填入烤模至烤模的¾滿，放入烤箱，迷你瑪德蓮烘烤5～6分鐘；傳統大小的烘烤8～10分鐘。烤至呈金黃色時從烤箱取出，稍微放涼後脫模。

主廚的小提醒

瑪德蓮要微溫熱（人體肌膚溫度）地食用。如果沒有打算在出爐後食用，那完全放涼後，得用密封容器裝好，以保持蛋糕的柔軟和濕潤。

此外，即使是使用不沾烤模烤，烤模也還是要塗抹奶油和撒上麵粉。

份量：15～26個（依模型大小）　準備時間：30分鐘　烘焙時間：每次1小時
靜置時間：1小時＋一晚＋15分鐘

Cannelés Bordelais

可麗露

香草豆莢1根
全脂牛奶500毫升｜2杯＋2大匙
奶油50克｜3½大匙
奶油（放軟，抹烤模用）40克｜3大匙
全蛋100克｜約2個
蛋黃40克｜約2個
糖粉240克｜2杯
陳年黑蘭姆酒（建議使用農業蘭姆酒）1½大匙
低筋麵粉110克｜1杯－2大匙
低筋麵粉（烤模用）20克｜2½大匙

用具

可麗露烤模：直徑 4½～5½公分｜1⅔～2吋

於前一日將可麗露麵糊做好。

1 …用銳利的刀將2根香草豆莢縱向切開，以刀尖刮出香草籽。將牛奶、香草豆莢、香草籽一同放入小鍋中煮至即將沸騰，離火，立刻蓋上鍋蓋讓它浸漬1小時，使其出味，拿掉豆莢後放涼，完成牛奶混合液。
奶油融化後放涼。糖粉和低筋麵粉各別過篩，分兩個碗裝。

2 …將蛋、蛋黃、糖粉放入一個大的攪拌圓盆中，用打蛋器混合，然後打蛋器不停地邊打邊依序加入蘭姆酒、融化奶油拌勻，再一點點地倒入篩過的低筋麵粉拌勻，最後加入牛奶混合液，拌勻成麵糊。記得加入材料時，要先混合好再加入下一個材料。麵糊放入冰箱冷藏一晚（至少12小時）。

•••

3 … 可麗露模塗奶油，放冰箱冷藏15分鐘，讓奶油凝固。當烤模裡的奶油冷卻了，在烤模上撒層薄薄的麵粉後，把烤模倒放輕敲，倒出多餘的麵粉。如果沒有要立刻將麵糊填入烤模的話，先把烤模再放回冰箱冷藏，因為烤模必須在麵糊一填入後立刻進熱烤箱烘焙。

4 … 烤箱以200°C｜392°F預熱。將麵糊倒入烤模中，填至距烤模上緣5釐米｜½吋高的地方。放入烤箱烘烤1小時。烘烤時，麵糊可能會膨脹起來，如果發生這樣的狀況，只要用刀尖在中心戳一下即可。

5 … 烤好的可麗露表面會呈深褐色，法國人有「當它們變黑時就代表好了」的說法，立刻脫模放到涼架上放涼。在室溫下食用最美味。

主廚的小提醒

可麗露不容易保鮮，必須在當日食用，但可以事先將麵糊做好，放入冰箱可冷藏2～3日。在每次烘焙前，將麵糊混合均勻使用即可。

可麗露的烤模材質非常重要，盡可能避免使用矽膠烤模，建議以銅製烤模操作的效果最佳。

第一次使用銅製烤模時，先用甜點毛刷刷上奶油，倒放在網架上，放入烤箱以250°C｜480°F烘烤20分鐘。之後每次使用都抹上奶油，烤模便會形成一層不沾保護層。所以，要避免用水清洗烤模，否則就得重複第一次使用的上油手續。烤模的清潔方式是每次烘烤後，用毛巾布趁著烤模還熱的時候趕緊擦拭。

Pain Perdu

法國吐司

香草豆莢½根
鮮奶油400毫升｜1⅔杯
蛋黃80克｜約4個
白砂糖80克｜½杯－2大匙
圓筒狀或長條吐司狀布里歐修麵包（長20公分｜8吋）1個
奶油（抹平底煎鍋用）20克｜2½大匙

1…用銳利的刀將香草豆莢縱向切開，以刀尖刮出香草籽。將鮮奶油、香草豆莢、香草籽放入小鍋中煮至即將沸騰，離火，立刻蓋上鍋蓋讓它浸漬1小時，使其出味，拿掉豆莢後放涼，完成鮮奶油混合液。

2…將蛋黃和白砂糖放入一個大的攪拌圓盆中，用打蛋器打至顏色變淡，加入鮮奶油混合液，用橡皮刮刀混合，完成香草奶蛋液。

3…布里歐修麵包切成2公分｜¾吋的厚片，切掉麵包邊。

4…把奶油放入平底煎鍋裡加熱，布里歐修麵包片兩面都沾裹香草奶蛋液，將多餘的醬汁稍微抖掉，放入煎鍋內，把兩面都煎成金黃色，每一面煎約1分鐘。完成後趁熱立即享用。

主廚的小提醒

建議使用放置2天、老掉的布里歐修麵包製作這道法國吐司。
法國吐司起鍋後淋上楓糖一塊食用，美妙滋味令人一試難忘。

份量：10個　準備時間：1小時＋基礎食譜時間　烘焙時間：40分鐘
靜置時間：2小時＋基礎食譜時間

Chaussons aux Pommes

蘋果派

千層酥皮

麵糰（參照基礎食譜p.360）
500克｜17½盎司
中筋麵粉（防沾手粉用）
20克｜2½大匙
全蛋（刷麵糰表面用）50克｜約1個

糖煮蘋果泥

檸檬½顆
蘋果750克（建議使用金冠*或
Boskoop*品種）｜26½盎司
奶油100克｜7大匙
白砂糖100克｜½杯
香草粉1小撮或香草精數滴
水50毫升｜3⅓大匙

蘋果片

蘋果（建議使用青蘋果）2顆

糖漿

水50毫升｜3⅓大匙
白砂糖50克｜¼杯

用具

橢圓形切模：17×11公分
甜點毛刷
擀麵棍

*金冠蘋果（Golden Delicious），外觀渾圓、呈金黃色，果肉甜中帶些許酸，汁量多。除了直接食用之外，可用在沙拉、蘋果派等西點。Boskoop蘋果呈紅綠色，果肉較酸，主要產於荷蘭。

製作千層酥皮

1 …將麵糰放在撒上麵粉的桌面上，將麵糰擀成2釐米｜1/10吋厚的薄片。用切模切出10個橢圓形麵皮，將麵皮重疊放在一個烤盤上，放入冰箱冷藏1小時。

製作糖煮蘋果泥

2 …檸檬榨汁。蘋果削皮，切成4半後去核，再切成2～3釐米｜1/10～1/8吋厚的小塊。

奶油放入一個小鍋，以小火煮融。先加入蘋果將表面煎成金黃色，再加入白砂糖、香草粉、水和檸檬汁，蓋上鍋蓋用中火燜煮約10分鐘，直到蘋果變軟、有點透明感且開始要變成泥狀。

為了避免蘋果泥煮得過濕，這份食譜加的水量很少，因此煮的時候要特別留意，而且鍋蓋要蓋密，否則水分都蒸發掉的話，蘋果會煮得太焦而黏到鍋底。煮到水分過少時，需用小火邊攪拌邊煮。

煮好之後離火，徹底放涼。

製作蘋果片

3 …蘋果削皮去核，切成8片，每片都控制在2釐米｜1/10吋的厚度。放入冷卻的糖煮蘋果泥中。

蘋果填餡

4 …從冰箱取出酥皮，把1片橢圓形麵皮放到桌面上，用沾濕的甜點毛刷沿著麵皮的邊刷上一點點水。在中心放上2大匙的蘋果泥，將酥皮對折包住餡（做成半圓形口袋狀），輕壓邊緣封口，做成可頌。

重複上述動作完成所有的可頌，然後排放在一個鋪有烘焙紙的烤盤上。

5 …把蛋放入一個碗裡打散，蛋汁刷在未烤的可頌表面。用刀尖在可頌表面畫上葉子的圖案，放入冰箱鬆弛1小時。

烤箱以180°C｜350°F預熱，將可頌放入烤箱烘烤約40分鐘。

製作糖漿

6 …同時準備糖漿。將水和白砂糖倒入一個小鍋中煮至沸騰，離火。

可頌一出爐，立刻用甜點毛刷在表面刷上糖漿即可。

LES GÂTEAUX DE GOÛTER ET CONFISERIES

茶點&糖果

份量：8～10人份　準備時間：1小時30分鐘　烘焙時間：55分鐘　靜置時間：一晚

Cake au Citron
檸檬蛋糕

糖煮檸檬片

檸檬（表皮未打蠟）3顆
水250毫升｜1杯
白砂糖125克｜½杯＋2大匙

檸檬蛋糕

奶油75克｜5大匙
奶油（抹烤模用）15克｜1大匙
中筋麵粉210克｜1⅔杯
中筋麵粉（烤模用）10克｜1大匙
乾燥酵母或泡打粉5克｜1小匙
檸檬（表皮未打蠟）1顆
白砂糖250克｜1¼杯
全蛋150克｜約3個
鮮奶油110毫升｜½杯－1大匙
鹽之花或其他粗顆粒海鹽1小撮
蘭姆酒25克｜1⅔大匙

檸檬糖漿

水125毫升｜½杯
白砂糖120克｜½杯＋2大匙
檸檬汁60毫升｜¼杯

檸檬果膠

市售檸檬果醬50克｜2盎司
水1大匙

用具

2個磅蛋糕烤模：
17×6½×6½公分
研磨器
甜點毛刷

製作糖煮檸檬片

1 …先在前一日將檸檬切成2釐米｜1⁄10吋厚的薄片。
將水和白砂糖放入鍋中煮至即將沸騰，小心地加入檸檬片，用極小火不讓水沸騰地煮20分鐘，放涼。然後把液體和檸檬片放入碗或容器裝好，放入冰箱冷藏至少12小時。
保留6片漂亮的檸檬片作裝飾用。
將其他檸檬片瀝乾，取120克｜½杯的檸檬片，每片都對切。

製作檸檬蛋糕

2 ⋯烤模塗抹奶油後，為了方便脫模，在底部鋪上一張長方形的烘焙紙，放入冰箱冷藏10分鐘，讓奶油凝固。當烤模裡的奶油冷卻了，在烤模上撒層薄薄的麵粉後，把烤模倒放輕敲，倒出多餘的麵粉。

3 ⋯將75克｜5大匙的奶油放入一個小鍋，用極小火融化後，立刻離火。

中筋麵粉和酵母直接過篩到一個小碗內。

用研磨器將檸檬皮外層黃色的部分刮下（其餘部分可用在製作檸檬糖漿），放入一個大的攪拌圓盆中，加入白砂糖混合，然後以一次只加入1個蛋的方式，用打蛋器混合，再繼續用打蛋器不停地邊打邊依序加入鮮奶油、鹽、蘭姆酒混合。接著，用木匙或橡皮刮刀將中筋麵粉、酵母、檸檬片、微溫的融化奶油，用翻拌的方式混合成麵糊。

4 ⋯烤箱以210°C｜410°F預熱。

麵糊倒入烤模內，填至距烤模上緣2公分｜¾吋高的地方，放入烤箱烘烤10分鐘。從烤箱取出蛋糕，在表面形成的薄皮中央用刀切一條長切口，立刻放回烤箱，同時將烤箱溫度調降到180°C｜350°F，烘烤45分鐘。接著，看看蛋糕烘烤的情形。將蛋糕的正中心用刀尖插刺測試烘焙程度，如果蛋糕烤好了，刺入的刀尖會是乾淨不沾蛋糕屑。

製作檸檬糖漿

5 …在烘烤蛋糕的同時製作檸檬糖漿。把水、白砂糖、檸檬汁一同倒入小鍋中煮沸，離火。

6 …把涼架放到有深度的烤盤裡。蛋糕烤好、脫模後放到涼架上。把糖漿重新加熱到將近沸騰，用湯勺舀糖漿澆淋在蛋糕上，再將流到烤盤裡的糖漿也舀起來澆到蛋糕上。重複澆淋2次，放涼。
用保留的檸檬片裝飾蛋糕。

製作檸檬果膠

7 …將檸檬果醬和水倒入小鍋中攪拌，以小火加熱但不要煮沸（約50～60°C｜122～140°F），果膠的濃稠度煮到能夠裹覆湯匙背面的程度即可。最後，將果膠塗抹在蛋糕上。

主廚的小提醒

將蛋糕用保鮮膜包好或是用密封容器裝好，然後放在冰箱裡。欲食用時，可以直接從冰箱取出來，冰冰地吃很爽口。也可以在食用前1小時從冰箱先取出來退冰，讓蛋糕口感變軟，呈現另一種風味。

份量：8～10人份　準備時間：1小時30分鐘　烘焙時間：55分鐘　靜置時間：一晚

Cake Chocolat a l'Orange

巧克力香橙蛋糕

糖煮柳橙片

柳橙1顆
水200毫升｜¾杯＋2大匙
白砂糖100克｜½杯

巧克力蛋糕

無籽葡萄乾75克｜½杯
奶油150克｜10½大匙
奶油（抹烤模用）15克｜1大匙
中筋麵粉120克 ｜1 杯－1大匙
中筋麵粉（烤模用）10克｜1大匙
無糖可可粉30克｜⅓杯
乾燥酵母或泡打粉5克｜1小匙
白砂糖150克｜¾杯
全蛋150克｜約3個
糖漬柳橙皮丁210克｜1¼杯

柳橙糖漿

柳橙汁150毫升｜⅔杯－1大匙
白砂糖120克｜½杯＋2大匙
柑曼怡白蘭地橙酒80毫升｜⅓杯

柳橙果膠

市售柳橙果醬50克｜2盎司
水1大匙

用具

方形蛋糕烤模：25×8×8公分
10×3×3吋

製作糖煮柳橙片

I …先在前一日將柳橙切成2釐米｜1/10吋厚的薄片。
將水和白砂糖放入鍋中煮至即將沸騰，小心地加入柳橙片，用極小火不讓水沸騰地煮30分鐘，放涼。 把柳橙片瀝乾，放入冰箱冷藏。

•••

製作巧克力蛋糕

2 …同樣在前一日，將無籽葡萄乾用小碗裝，注入足夠淹蓋過葡萄乾超過 1 公分｜1/3吋的水量，蓋上保鮮膜，讓無籽葡萄乾在室溫中浸泡和膨脹至少12小時，然後小心地瀝乾。

3 …隔日，烤模塗抹奶油後，為了方便脫模，在底部鋪上一張長方形的烘焙紙，放入冰箱冷藏10分鐘，讓奶油凝固。當烤模裡的奶油冷卻了，在烤模上撒層薄薄的麵粉後，把烤模倒放輕敲，倒出多餘的麵粉。

4 …奶油和蛋放置於室溫回溫。可可粉、中筋麵粉和泡打粉直接過篩到一個攪拌圓盆內。將奶油放入另一個攪拌圓盆中，攪拌至膨鬆後，加入白砂糖用打蛋器奮力地攪拌混合，然後以一次只加入1個蛋的方式，用打蛋器混合。用木匙或橡皮刮刀以翻拌的方式將混合好的粉類加入攪拌，再加入瀝乾的葡萄乾和糖漬柳橙皮丁混合。

5 …烤箱以220°C｜425°F預熱。

麵糊倒入烤模內，填至距烤模上緣2公分｜3/4吋高的地方，放入烤箱烘烤10分鐘。從烤箱取出蛋糕，在表面形成的薄皮中央用刀切一條長切口，立刻放回烤箱，同時將烤箱溫度調降到180°C｜350°F，烘烤大約40～45分鐘。接著，看看蛋糕烘烤的情形。將蛋糕的正中心用刀尖插刺測試烘焙程度，如果蛋糕烤好了，刺入的刀尖會是乾淨不沾蛋糕屑。

製作柳橙糖漿

6 …在蛋糕烘烤的時候製作柳橙糖漿。把柳橙汁和白砂糖一同倒入小鍋中煮沸，離火，加入柑曼怡白蘭地橙酒。

7 …把涼架放到有深度的烤盤裡。蛋糕烤好、脫模後放到涼架上。把糖漿重新加熱到將近沸騰，用湯勺舀糖漿澆淋在蛋糕上，再將流到烤盤裡的糖漿也舀起來澆到蛋糕上。重複澆淋2次，放涼。
用糖煮柳橙片裝飾蛋糕。

製作柳橙果膠

8 …將柳橙果醬和水倒入小鍋中攪拌，以小火加熱但不要煮沸（約50～60°C｜122～140°F），果膠的濃稠度煮到能夠裹覆湯匙背面的程度即可。最後，將果膠塗抹在蛋糕上。

份量：8～10人份　準備時間：1小時30分鐘　烘焙時間：55分鐘
靜置時間：2小時＋一晚＋至少24小時食用

Pain d'Épices
香料蛋糕

水150毫升｜2/3杯
八角或茴香10克｜1/3盎司
奶油75克｜5大匙
奶油（抹烤模用）20克｜1½大匙
白砂糖100克｜½杯
栗子蜂蜜100克｜1/3杯
柳橙（表皮未打蠟）1顆
檸檬（表皮未打蠟）1顆
黑麥麵粉110克｜1杯
中筋麵粉115克｜1杯－2大匙
中筋麵粉（烤模用）20克｜2½大匙
乾燥酵母或泡打粉5克｜1小匙
肉桂粉5克｜2小匙
四香粉（胡椒、丁香、豆蔻和薑的綜合粉）3克｜1小匙
糖漬柳橙皮丁30克｜2大匙

用具

2個磅蛋糕蛋糕烤模：17×6½×6½公分
研磨器
甜點毛刷

1 …最理想的情況是在前一日開始製作，這樣的話以下的液體才能完全放涼使用。
將水、八角、奶油、白砂糖、蜂蜜放入一個小鍋煮至沸騰，離火，蓋上鍋蓋燜2小時，使其出味。用紗布過濾香料水去除雜質，然後放室溫隔夜，使香料水冷卻到室溫。

2 …隔日，烤模塗抹奶油後，為了方便脫模，在底部鋪上一張長方形的烘焙紙，放入冰箱冷藏10分鐘，讓奶油凝固。當烤模裡的奶油冷卻了，在烤模上撒層薄薄的麵粉後，把烤模倒放輕敲，倒出多餘的麵粉。

…

3 …用研磨器將檸檬和柳橙皮外層有顏色的部分刮下。

把黑麥麵粉、中筋麵粉、酵母、肉桂粉和四香粉直接過篩到一個大攪拌圓盆中，加入柑橘皮屑和糖漬柳橙皮丁。

將冷卻的香料水分數次倒入乾燥的混合粉類裡，為避免結塊，要邊用木匙攪拌邊加入水，拌勻成光滑均勻的麵糊（如同混合可麗餅麵糊般）。

4 …烤箱以210°C｜410°F預熱。

麵糊倒入烤模內，填至距烤模上緣2公分｜¾吋高的地方。放入烤箱烘烤10分鐘。從烤箱取出蛋糕，在表面形成的薄皮中央用刀切一條長切口，立刻放回烤箱，同時將烤箱溫度調降到180°C｜350°F，烘烤45分鐘。接著，看看蛋糕烘烤的情形。將蛋糕的正中心用刀尖插刺測試烘焙程度，如果蛋糕烤好了，刺入的刀尖會是乾淨不沾蛋糕屑。

5 …從烤箱取出，放涼5分鐘。

脫膜，放到涼架上讓蛋糕完全冷卻。

主廚的小提醒

蛋糕冷卻後用保鮮膜包好，在室溫下放置24小時，讓它稍微乾掉一點再食用比較可口。

份量：20片　準備時間：20分鐘　油煎時間：每片3分鐘　靜置時間：至少1小時

Crêpes
可麗餅

柳橙（表皮未打蠟）1顆
低筋麵粉165克｜1⅓杯
白砂糖40克｜3大匙
全蛋200克｜約4個
全脂牛奶500毫升｜2杯＋2大匙
奶油40克｜3大匙
奶油（抹平底煎鍋用）20克｜1½大匙
油1大匙
蘭姆酒（可不加）1大匙
君度橙酒或柑曼怡白蘭地橙酒（可不加）1大匙

用具
研磨器

I …用研磨器將柳橙皮外層橘色的部分刮下。
將低筋麵粉直接過篩到一個大的攪拌圓盆中，加入白砂糖、柳橙皮屑、蛋。為了避免結塊，邊用打蛋器不斷地攪拌，邊慢慢地加入牛奶，攪拌成滑順的麵糊。
奶油放入一個小鍋，以小火煮融，加入麵糊裡，同時加入油、蘭姆酒和君度橙酒拌勻成麵糊。
讓麵糊在室溫靜置至少1小時。

…

2 …拿紙巾在一個平底煎鍋（最好是不沾鍋）表面抹上少許奶油，用湯勺舀入剛好夠覆蓋鍋面的麵糊，將鍋子傾斜讓麵糊蓋滿整個鍋面，形成薄薄一層餅皮。用小火煎好第一面（約1分鐘），再翻面把另一面煎成淡金黃色。

煎可麗餅時，把煎好的可麗餅一片片重疊在一起，可以保持軟度和濕潤。如果使用2個平底煎鍋操作的話，煎一個餅皮的同時，另一個完成的餅皮可以拿來包餡，加快製作速度。

3 …最後，在可麗餅上撒些糖或者抹上低糖的果醬、融化巧克力或榛果醬食用。

「我個人則偏好淋上檸檬汁，再撒上少許的糖一塊品嘗」。

主廚的小提醒

可麗餅麵糊要提前2小時先準備好。如果麵糊結塊的話，盡量快速地攪拌至滑順，但千萬別將麵糊打至起泡。假若事先將可麗餅煎好的話，將它們重疊起來以保持餅皮的柔軟和濕潤，然後放在室溫下即可。

份量：10個　準備時間：15分鐘　烘焙時間：每個鬆餅3～4分鐘　靜置時間：1小時

Gaufres Maison
格子鬆餅

低筋麵粉75克｜½杯＋1½大匙
全脂牛奶125毫升｜½杯
全脂牛奶75毫升｜⅓杯
白砂糖20克｜1½大匙
鹽1小撮
奶油30克｜2大匙
全蛋150克｜約3個
法式酸奶油或酸奶油或鮮奶油50毫升｜¼杯
橙花純露1大匙
沙拉油（抹烤模用）適量
糖粉（裝飾用）適量

用具
格子鬆餅烤模
甜點毛刷

1 …低筋麵粉過篩。將125毫升｜½杯的牛奶、白砂糖、鹽、奶油倒入小鍋中煮至沸騰，離火，加入低筋麵粉，然後用橡皮刮刀奮力地攪拌混合均勻。
將小鍋放回爐子上以小火加熱，一邊快速地攪拌讓水分蒸發，攪拌至麵糊開始結成糰，並且不黏附於鍋子內側，大約1分鐘。

2 …把麵糰換到一個大的攪拌圓盆中冷卻，然後以一次只加入1個蛋的方式，每次都用橡皮刮刀攪拌混合好再加入下一個蛋混合。

•••

3 ⋯加入酸奶油、75毫升｜1/3杯的牛奶、橙花純露攪拌成麵糊，放置於室溫靜置1小時。

4 ⋯預熱鬆餅烤模，用甜點毛刷刷上少許油。
將麵糊倒入烤模，烤至呈金黃色，約3～4分鐘。
最好撒上糖粉。

主廚的小提醒

以我來說，如果直接用手拿取食用的話，我極愛在鬆餅上放點鮮奶油香堤（參照p.374）和抹點不太甜的草莓果醬；若是放在盤子上食用，則會佐些鮮奶油香堤和草莓、覆盆子果泥醬（參照p.382、p.384）。果泥醬沒有果醬來得甜，而且水果香味更濃郁，搭配這道鬆餅再適合不過。

份量：8～10人份　準備時間：40分鐘　烘焙時間：25分鐘　靜置時間：30分鐘

Gâteau Moelleux au Chocolat

鬆軟巧克力蛋糕

奶油150克｜10½大匙
奶油（抹烤模用）20克｜1½大匙
低筋麵粉35克｜¼杯
低筋麵粉（烤模用）20克｜2½大匙
黑巧克力（可可含量至少70%）
150克｜5盎司
無糖可可粉5克｜1大匙
全蛋50克｜約1個
蛋黃80克｜約4個
蛋白210克｜約7個
白砂糖150克｜¾杯

用具

圓形蛋糕模（烤模邊側有斜度
或與底部垂直的皆可）：
直徑22½公分｜9吋

1 … 在烤模上塗抹軟化的奶油，放入冰箱冷藏5分鐘，讓奶油凝固。當烤模裡的奶油冷卻了，在烤模上撒層薄薄的麵粉後，把烤模倒放輕敲，倒出多餘的麵粉，再放回冰箱冷藏。
將黑巧克力放在砧板上用刀切碎，裝到一個攪拌圓盆中，再把圓盆盛到煮著熱水的鍋子上，加入奶油，邊用橡皮刮刀攪拌著，邊用極小火加熱融化，離火。
低筋麵粉和可可粉一同過篩，放置一旁。

•••

2 ··· 烤箱以180°C｜350°F預熱。

把一個大的攪拌圓盆盛到煮著熱水的鍋子上，放入蛋、蛋黃、約75克｜1/3杯的白砂糖（約半量），猶如製作海綿蛋糕般以打蛋器打至濃稠，離火，放置一旁。 這時立刻將蛋白放入另一個乾淨的攪拌圓盆中，以電動打蛋器打至顏色變白起泡，加入剩下的糖，然後繼續打發1分鐘。

3 ··· 輕柔地取1/3量的打發全蛋液和融化巧克力翻拌在一起，混合後再一起倒回剩下2/3量的打發全蛋液中，輕柔地混合成巧克力糊。

接著，將1/3量的打發蛋白、過篩的低筋麵粉和可可粉加入巧克力糊中，輕柔地翻拌在一起，再將全部的麵糊倒回剩下2/3量的打發蛋白中，小心地混合均勻成麵糊，注意千萬不要過度混合。

4 ··· 將麵糊倒入蛋糕模中，放入烤箱的同時把烤箱溫度降溫至170°C｜340°F，烘烤25分鐘。

從烤箱取出，放涼30分鐘再脫模。

主廚的小提醒

這類口感柔軟的蛋糕，建議保存於室溫下，並且在24小時內盡快食用。如果放入冰箱，蛋糕會變硬。

份量：8人份　準備時間：1小時＋基礎食譜時間　烘焙時間：1小時5分鐘
靜置時間：1小時＋基礎食譜時間

Flan Pâtissier
卡士達塔

酥脆塔皮

麵糊（參照基礎食譜p.358），使用225克
中筋麵粉（防沾手粉用）20克｜2½大匙
奶油（抹烤模用）20克｜12½大匙

卡士達餡

香草豆莢2 根
全脂牛奶500毫升｜2杯＋2大匙
鮮奶油325毫升｜1⅓杯
全蛋100克｜約2個
蛋黃40克｜約2個
白砂糖210克｜1杯＋1大匙
玉米澱粉85克｜⅔杯
奶油25克｜2大匙

用具

塔模：直徑22½公分｜9吋×高 3公分｜1¼吋
擀麵棍
甜點毛刷
重石

製作酥脆塔皮

1 …參照基礎食譜p.358製作酥脆塔皮麵糰。
將麵糰放在撒上麵粉的桌面上，擀成塔模的大小及2釐米｜1/10吋厚的薄片。在烤模內塗抹奶油，然後小心地將塔皮壓入烤模，沿著塔模內側將塔皮推高，再把高出塔模的塔皮切掉。
放入冰箱冷藏1小時。

•••

製作卡士達餡

2 …用銳利的刀將2根香草豆莢縱向切開，以刀尖刮出香草籽。將牛奶、鮮奶油、香草豆莢、香草籽一同放入小鍋中煮至即將沸騰，離火，立刻蓋上鍋蓋，讓它浸漬15分鐘使其出味，然後拿掉豆莢後放涼，完成牛奶混合液。

3 …烤箱以170°C｜340°F預熱。
從冰箱取出塔皮，用叉子在表面叉滿洞，這樣可以防止塔皮在烘烤時膨起來。拿一片圓形烘焙紙覆蓋在塔皮上，小心地將紙壓貼在塔皮的每個角落。在紙上面放滿一層乾燥的豆子或重石。
將塔皮放入烤箱烤20分鐘直至上色（呈金黃色），取出。
塔皮放涼， 拿開重石和紙。

4 …將蛋、蛋黃、白砂糖放入一個攪拌圓盆中，用打蛋器打至顏色變淡，加入玉米澱粉混合。
將牛奶混合液放回爐子上加熱至即將沸騰。將1/3量的熱牛奶混合液倒入蛋黃的混合液裡（為了調溫），用打蛋器充分攪拌混合，再倒回剩下的熱牛奶混合液。邊加熱邊用打蛋器攪拌，不時地用橡皮刮刀刮鍋子內側，煮至沸騰後離火，即成卡士達醬。將卡士達醬倒入另一個大的攪拌圓盆中稍微放涼，約10分鐘。

5 …同時，烤箱以170°C｜340°F預熱。
當卡士達醬降溫到仍是熱的但不燙手時，加入奶油，攪拌混合均勻。
將卡士達醬倒入烤好的塔皮裡。
放入烤箱烘烤約45分鐘。取出，放涼。

Clafoutis aux Cerises

櫻桃克勞夫蒂

檸檬（表皮未打蠟）1顆
白砂糖175克｜¾杯＋2大匙
白砂糖（烤模用）1½大匙
鹽1小撮
玉米澱粉50克｜⅓杯
低筋麵粉50克｜⅓杯
全蛋150克｜約3個
蛋黃40克｜約2個
全脂牛奶300毫升｜1¼杯
鮮奶油300毫升｜1¼杯
櫻桃500克｜17½盎司
奶油（抹烤模用）20克｜1½大匙

用具

塔模（底部不可活動）：直徑25公分｜9½吋×高3公分｜1¼吋
研磨器
甜點毛刷

*本頁的做法和材料，是製作沒有塔皮的櫻桃克勞夫蒂，和右頁照片中有塔皮的成品略微不同。

1 …用研磨器將檸檬皮外層黃色的部分刮下。
將白砂糖、檸檬皮屑倒入一個大的攪拌圓盆中混合，放入鹽、玉米澱粉、低筋麵粉混合，加入蛋和蛋黃，用打蛋器混合，再加入牛奶和鮮奶油混合成麵糊。

2 …櫻桃去核。烤箱以170°C｜340°預熱。
把奶油融化，用甜點毛刷刷在烤模上，再在烤模上撒上白砂糖。將櫻桃擺入塔模內，倒入麵糊，烘烤約40分鐘。

主廚的小提醒

如果是使用未去核的整顆櫻桃的話，烤出來的克勞夫蒂味道比較好，而且櫻桃比較不會出水，能避免烤出軟爛的克勞夫蒂。
也可以像p.301照片中的成品，將克勞夫蒂放入酥脆塔皮裡烤。只要事先準備好酥脆塔皮麵糰（參照p.358），以170°C｜340°F烘烤約20分鐘直到上色，再填入櫻桃和克勞夫蒂麵糊，而烘烤時間與上述相同，就能完成有塔皮的克勞夫蒂。

份量：8人份　準備時間：1小時30分鐘　烘焙時間：45分鐘

Gâteau Moelleux à l'Orange
鬆軟香橙蛋糕

糖煮柳橙片
柳橙（表皮未打蠟）1顆
水200毫升｜¾杯＋2大匙
白砂糖100克｜½杯

蛋糕麵糊
奶油225克｜1杯
奶油（抹烤模用）20克｜1½大匙
中筋麵粉175克｜1⅓杯＋1大匙
中筋麵粉（烤模用）20克｜1½大匙
全蛋150克｜約3個
柳橙（表皮未打蠟）3顆
白砂糖225克｜1杯＋2大匙
泡打粉11克｜2小匙

柳橙糖漿
白砂糖90克｜½杯
柳橙汁200毫升｜¾杯＋1大匙

柳橙果膠
市售柳橙果醬100克｜3½盎司
水2大匙

用具
圓形蛋糕模
（烤模邊側有斜度）：
直徑22½公分｜9吋
研磨器
甜點毛刷

製作糖煮柳橙片

1 …柳橙洗淨，切成2釐米｜1/10吋厚的薄片。
將水和白砂糖倒入小鍋中煮至即將沸騰，小心地加入柳橙片，用極小火不讓水沸騰地煮20分鐘。取出柳橙片瀝乾，放涼。

製作蛋糕麵糊

2 …烤模塗抹奶油後，為了方便脫模，在底部鋪上一張圓形的烘焙紙。放入冰箱冷藏10分鐘，讓奶油凝固。當烤模裡的奶油冷卻了，在烤模上撒層薄薄的麵粉後，把烤模倒放輕敲，倒出多餘的麵粉。

3 …蛋回溫到室溫。
用研磨器將柳橙皮外層橘色的部分刮下， 將柳橙皮屑和白砂糖混合。
柳橙榨汁，放置一旁。

…

4 …將奶油放入一個耐熱圓盆中，圓盆盛到一個煮著熱水的鍋子上隔水加熱，也可以使用微波爐加熱，使奶油軟化成乳霜狀。依序加入混合好的白砂糖和檸檬皮屑、蛋、中筋麵粉、泡打粉、柳橙汁，每個材料加入後都要先充分混合再加入下一個，混合成麵糊。
烤箱以180°C｜350°F預熱。
將麵糊倒入烤模內，填至距烤模上緣2公分｜¾吋高的地方，放入烤箱烘烤45分鐘。

製作柳橙糖漿

5 …蛋糕烘烤的同時製作柳橙糖漿。將柳橙汁和白砂糖倒入小鍋中煮沸，離火。

6 …把一個涼架放到有深度的烤盤裡。蛋糕烤好、脫模，放到涼架上。將糖漿重新加熱到即將沸騰，用湯勺舀糖漿澆淋在蛋糕上，再將流到烤盤裡的糖漿也舀起來澆到蛋糕上。重複澆淋2次，放涼。
用糖煮柳橙片裝飾蛋糕表面。

製作柳橙果膠

7 …將柳橙果醬和水倒入小鍋中攪拌，用小火加熱但不要煮沸（約50～60°C｜122～140°F），果膠的濃稠度煮到能夠裹覆湯匙背面即可。
將果膠塗抹在蛋糕上。
放涼，在室溫下食用最美味。

份量：3公分正方塊64個　準備時間：1小時（分2次做）　靜置時間：一晚＋6小時

Guimauve Fraise & Fleur d'Oranger

草莓香橙棉花糖

棉花糖糊

吉利丁片35克｜12片
或者吉利丁粉21克｜3大匙
水150毫升｜2/3杯
白砂糖500克｜2½杯
白砂糖25克｜2大匙
葡萄糖漿或玉米糖漿75克｜¼杯
蛋白150克｜約6個
草莓果泥*100克｜½杯
橙花純露5大匙

裝飾

糖粉100克｜¾杯
馬鈴薯澱粉（Potato Starch）
100克｜2/3杯

用具

製糖專用溫度計
正方形空心慕斯模：
25×25公分｜10×10吋
或者深的烤盤：3公分｜1¼吋深

*草莓果泥可以自己製作，可將草莓放入一個鍋中，用手持式攪拌棒打成果泥，再過濾即可使用。

1 …在一個烤盤內鋪好裁成烤盤大小的烘焙紙，再將正方形空心慕斯模擺在烤盤上。
如果沒有正方形空心慕斯模的話，可以剪一塊50公分｜20吋長的鋁箔紙。將鋁箔紙折成好幾折，使變成50×3公分｜20×¼吋的長條。將這個長條對折，形成一個兩邊都是25公分｜10吋的直角，再將這直角放到有深度的烤盤裡，便可以與烤盤內側的兩邊形成一個25×25公分｜10×10吋的正方形框。

2 …吉利丁片放到一小碗冰水中，泡10分鐘至軟。
把吉利丁片的水瀝乾，用力擠壓吉利丁片，把多餘的水分擠掉。

…

將150毫升｜2/3杯的水、500克｜2½杯的白砂糖、葡萄糖漿放入鍋中，煮至130°C｜270°F（用製糖專用溫度計測量）。因為蛋白和糖漿必須在同一個時候準備好，所以當糖漿達到120°C｜250°F時，要立刻將蛋白放入一個乾淨且沒有沾附水分的攪拌圓盆中，用電動打蛋器打至發泡。等蛋白打到變白、起泡沫後，加入25克｜2大匙的白砂糖繼續打發，再將達到溫度的糖漿一點點地倒入打發蛋白中，繼續把蛋白打成蛋白霜。

3 …把瀝乾的吉利丁片加入熱蛋白霜中，混合溶解吉利丁片。用木匙或橡皮刮刀輕柔地把草莓果泥和橙花純露翻拌進蛋白霜中，混合成棉花糖糊。

4 …把棉花糖糊倒入正方形空心慕斯模中，做成3公分｜1¼吋的厚度，放在陰涼的地方（12～16°C｜54～61°F）至一晚，讓棉花糖完全冷卻凝固。也可以用保鮮膜蓋好，放入冰箱冷藏。

5 …隔日，先將糖粉和馬鈴薯澱粉混合好，然後撒一些在桌面上。
拿刀沿著空心模的內側割一圈，讓棉花糖從模中鬆落，把棉花糖取出放到桌面上。將刀浸泡過熱水，擦乾後切棉花糖，每切完一刀都得重複泡熱水和擦乾的動作再繼續切。
棉花糖先切成3公分｜1¼吋寬的長條，然後再縱切成3×3公分｜1¼×1¼吋的正方塊。
把切好的棉花糖放入混合好的糖粉和馬鈴薯澱粉中，滾動著沾裹粉，再將多餘的粉抖掉。不加蓋地放置6小時，讓棉花糖稍微變乾。

主廚的小提醒

棉花糖一做好即可立即食用。如果以密封容器盛裝，放入冰箱冷藏，大約可以保鮮5～6日。

Caramels Mous au Chocolat

軟式巧克力牛奶糖

黑巧克力（可可含量至少70%）
120克｜4盎司
水75毫升｜⅓杯
白砂糖190克｜1 杯－1大匙
葡萄糖漿或玉米糖漿140克｜⅓杯
鮮奶油 200毫升｜¾杯＋1大匙
奶油20克｜1½大匙

用具
製糖專用溫度計
正方形或圓形空心慕斯模：
1～2公分｜⅓～¾吋高

1 …將黑巧克力放在砧板上用刀切碎，裝到一個攪拌圓盆中，放置一旁。將水和白砂糖放入一小鍋中煮沸，加入葡萄糖漿，用中火煮10～15分鐘。同時將鮮奶油放入另一個鍋中煮至即將沸騰，離火，放置一旁。

2 …當糖漿呈金黃的焦糖色時，離火，加入奶油攪拌。然後慢慢地、一點點地，如細細的水流般加入熱鮮奶油，邊加入邊用木匙攪拌成牛奶糖液。加入鮮奶油時要非常謹慎，不可以讓焦糖起泡湧出。

•••

將牛奶糖液放回爐子上加熱，邊煮邊用木匙攪拌，煮至115°C｜240°F（用製糖專用溫度計測量），將牛奶糖液淋在黑巧克力上，攪拌混合成巧克力牛奶糖液。

3 …將正方形或圓形空心慕斯模擺在鋪上烘焙紙的烤盤裡，將巧克力牛奶糖液倒入空心模中。

4 …放4～6小時冷卻。將完成的巧克力牛奶糖切成小正方塊或長方塊，每塊都用玻璃紙包裝，放於陰涼的地方。

試試變化款

軟式牛奶巧克力牛奶糖：在做法2中，將牛奶糖煮到117°C｜243°F，而不是原本的115°C｜240°F。

香草風味的軟式白巧克力牛奶糖：在做法1中，將水和白砂糖放入一小鍋中煮至160°C｜325°F，成為透明的糖漿。然後在做法2中，加入奶油和鮮奶油煮至120°C｜250°F，再加入白巧克力。

份量：40～50個　準備時間：1小時　靜置時間：2小時

Truffes au Chocolat

松露巧克力

奶油65克｜4½大匙
黑巧克力（可可含量至少70%）250克｜9盎司
鮮奶油150毫升｜⅔杯
白砂糖20克｜1½大匙
無糖可可粉100克｜1杯＋3大匙

用具
擠花袋套上口徑10釐米｜⅖吋的圓形擠花嘴

1 …奶油切成小塊，用一個耐熱的圓盆裝，再把圓盆盛到一個煮著熱水的鍋子上隔水加熱，也可以使用微波爐加熱，使奶油軟化成乳霜狀，但不要加熱到融化，離火，用打蛋器拌勻。

2 …將黑巧克力放在砧板上用刀切碎，裝到一個攪拌圓盆中。
將鮮奶油和白砂糖放入一個鍋中煮沸，然後分3次淋在黑巧克力上，每次加入鮮奶油都先攪拌均勻再加入更多。奶油切成小塊後拌入，充分混合均勻成巧克力甘納許。

3 …將巧克力甘納許倒入一個烤盤中，蓋上保鮮膜，放入冰箱冰1小時，讓它完全冷卻。完全冷卻後從冰箱取出，放置於室溫30分鐘，讓質感變得軟硬適中。

4 …把巧克力甘納許放入已裝好圓形擠花嘴的擠花袋中，在鋪有烘焙紙的烤盤上，擠出數個一口大小的小圓球。
將烤盤放入冰箱冰30分鐘，讓巧克力球變硬。
可可粉放入小碗或小盤子中，把巧克力球放入可可粉中滾動著沾裹粉。
巧克力球以密封容器裝好，放入冰箱冷藏。

LES PETITS BISCUITS

小餅乾

份量：小酥餅60個　準備時間：30分鐘　烘焙時間：每次烤15～20分鐘

Sablés Viennois

維也納奶油酥餅

奶油190克｜½杯＋5½大匙
奶油（抹蛋糕盤用）20克｜1½大匙
鹽之花或其他粗顆粒海鹽1小撮
糖粉75克｜⅔杯
香草粉1小撮或香草精數滴
蛋白30克｜約1個
低筋麵粉225克｜1¾杯
糖粉（裝飾用）少許

用具

擠花袋套上4釐米｜⅙吋的星形擠花嘴

1 …奶油切小塊。將奶油和鹽放入一個耐熱圓盆中，再把圓盆盛到煮著熱水的鍋子上，用木匙攪拌軟化奶油，離火，用打蛋器混合均勻。
依序加入糖粉、香草粉、蛋白，用打蛋器充分混合。記得加入材料時，要先混合好再加入下一個材料。

2 …烤箱以150°C｜300°F預熱。
低筋麵粉過篩，加入糖粉和蛋白的混合液中，用木匙拌勻成麵糊。

3 …立刻將麵糊放入已裝好星形擠花嘴的擠花袋中。將烤盤抹上奶油或鋪上烘焙紙，在上面擠出數個 3×4公分｜1¼×1½吋（直×橫）大小的緞帶狀英文字母Z麵糊。
放入烤箱烘烤15～20分鐘，烤至呈金黃色。
等奶油酥餅在烤盤上完全放涼，撒上少許糖粉。

主廚的小提醒

奶油酥餅可以放入密封容器中，放在陰涼的地方保存。

份量：小酥餅65個或大酥餅24個　準備時間：30分鐘　烘焙時間：每次烤15分鐘
靜置時間：至少2小時，最好是一晚

Sablés Noix de Coco

椰香奶油酥餅

糖粉150克｜1¼杯
低筋麵粉325克｜2⅔杯
低筋麵粉（防沾手粉用）20克｜2½大匙
奶油325克｜1½杯
鹽之花或其他粗顆粒海鹽1撮
杏仁粉75克｜¾杯
椰子粉75克｜½杯＋2大匙
全蛋50克｜約1個

用具

小餅乾用圓形切模：直徑 4～5公分｜1½～2吋
大餅乾用圓形切模：直徑8～10公分｜3～4吋
擀麵棍

1 …糖粉和低筋麵粉分別過篩。
奶油切成小塊，放到一個大的攪拌圓盆中拌勻，依序加入鹽之花、篩過的糖粉、杏仁粉、椰子粉、蛋，最後加入低筋麵粉，記得加入材料時，要先混合好再加入下一個材料。可以用直立式攪拌器配上片狀（平板）攪拌接頭完成混合動作，如果沒有的話，可以指尖迅速地搓揉混合成糰，避免手掌的熱度使奶油融化。
將材料混合至剛好成糰，不要過度混合，這樣餅乾的口感才會酥。

2 …把麵糰整成一糰，用保鮮膜包好，放入冰箱鬆弛至少2小時。最好是前一日就先將麵糰做好，隔日會比較容易擀開。

•••

3 …烤箱以160°C｜325°F預熱。

將麵糰放在撒上麵粉的桌面上，用擀麵棍將麵糰擀成2釐米｜1/10吋厚的薄片。

用切模切出圓餅狀，放在鋪有烘焙紙的烤盤上。

4 …放入烤箱烘烤約15分鐘，烤至呈金黃色。

從烤箱取出，在烤盤上放涼。

主廚的小提醒

如果想像p.321的成品中在奶油酥餅表面撒些糖的話，可用切模切出圓餅狀，放在鋪有烘焙紙的烤盤上，塗抹些許蛋液（材料以外），然後輕輕撒上結晶糖（材料以外）烘烤即可。

完成的奶油酥餅要用密封容器裝好。

份量：50個　準備時間：30分鐘　烘焙時間：每次10～12分鐘

Langues de Chat
貓舌頭餅乾

奶油125克｜9大匙
糖粉160克｜1⅓杯
香草糖7½克｜約1包
或者白砂糖2小匙＋香草精1小匙
蛋白60克｜約2個
低筋麵粉160克｜1¼杯

用具
擠花袋套上口徑5釐米｜⅕吋的圓形擠花嘴

1 …奶油切小塊。將奶油放入一個耐熱圓盆中，再把圓盆盛到煮著熱水的鍋子上，用木匙攪拌軟化奶油，離火，用打蛋器混合均勻。依序加入糖粉、香草糖、蛋白，用打蛋器充分混合。記得加入材料時，要先混合好再加入下一個材料。

2 …低筋麵粉過篩，加入糖粉和蛋白的混合液中，用木匙拌勻成麵糊。

3 …烤箱以160°C｜325°F預熱。
將麵糊放入已裝好圓形擠花嘴的擠花袋中，在鋪有烘焙紙的烤盤上擠出數個6公分｜2⅓吋的長條狀麵糊，因為麵糊在烘烤時會展開，所以必須在每個長條麵糰間留點空間。

•••

4 …放入烤箱烘烤10～12分鐘，烤至呈金黃色。
從烤箱取出，讓餅乾在烤盤上放涼到室溫再取出。
等餅乾完全放涼，再放入密封容器中。

試試變化款

完成的貓舌頭餅乾也可以像p.325的成品般，裹覆融化的黑巧克力、牛奶巧克力、白巧克力，或者沾裹以食用色素染色的白巧克力液，沾好後放到烘焙紙上讓它變乾。
調溫融化巧克力需要技術，其中一個簡單的做法是：將巧克力在砧板上用刀切碎，裝到一攪拌圓盆中，再把圓盆盛到一個煮著熱水的鍋子上隔水加熱至融化。將¾量的巧克力倒在一個乾淨並且不沾水分的工作檯面上，用不鏽鋼材質的奶油抹刀把巧克力在檯面上寬廣地抹開，再用抹刀把它刮聚在一起，然後再寬廣地抹開，重複數次直到巧克力開始變得濃稠。接著，把巧克力剷起來放回圓盆中，與其他¼量的的融化巧克力充分混合。調溫過的巧克力必須在30～31°C｜86～88°F的溫度間使用，高於或低於這個溫度，巧克力冷卻後則會泛白（英文稱為「bloom」）。
貓舌頭餅乾沾過調溫巧克力，等巧克力凝固後才能放入密封容器中保存。

主廚的小提醒

原味的貓舌頭餅乾，與巧克力慕斯和水果沙拉是絕佳的搭配。

Rochers Noix de Coco
椰子球

全脂牛奶100毫升｜⅓杯＋1大匙
白砂糖225克｜1杯＋2大匙
椰子粉275克｜1¾杯＋2大匙
低筋麵粉20克｜2½大匙
全蛋200克｜約4個

用具
擠花袋套上口徑 14釐米｜½吋的圓形擠花嘴

1 …先在前一日製作好麵糊。
牛奶倒入小鍋中煮熱，但不要煮沸騰，離火。加入白砂糖和椰子粉，立刻蓋上鍋蓋讓它浸漬1小時，使其出味，讓它慢慢冷卻。

2 …用橡皮刮刀把低筋麵粉和蛋翻拌進牛奶裡混合，完成麵糊。
放入冰箱冷藏至少12小時，讓椰子的香味完全滲透到麵糊裡。

3 …隔日，烤箱以180°C｜350°F預熱。
將麵糊放入已裝好圓形擠花嘴的擠花袋中，在鋪有烘焙紙的烤盤上擠出數個小圓球。如果沒有擠花袋和擠花嘴的話，可以利用湯匙沾水，挖一球麵糊，用食指將麵糊推到烤盤上，然後手指沾水，用4隻手指將麵糊捏成小球。

4 …放入烤箱烘烤約15分鐘，直到椰子球上色。
等餅乾完全放涼，再放入密封容器中。

份量：60個　準備時間：20分鐘　烘焙時間：每次12～15分鐘　靜置時間：至少12小時

Abricotines

杏子夾心餅

糖粉170克｜$1\frac{1}{3}$杯＋1大匙
杏仁粉215克｜$2\frac{1}{4}$杯
低筋麵粉35克｜$\frac{1}{4}$杯
蛋白180克｜約6個
香草精1小匙
白砂糖40克｜3大匙
杏仁片85克｜$\frac{3}{4}$杯＋2大匙
市售杏子果醬300克｜1杯
糖粉（裝飾用）30克｜$\frac{1}{4}$杯

用具

擠花袋套上口徑10釐米｜$\frac{2}{5}$吋的圓形擠花嘴

1 …將糖粉直接過篩到一個大的攪拌圓盆中，加入杏仁粉和低筋麵粉混合。將蛋白放入一個乾淨且沒有沾附水分的攪拌圓盆中，用電動打蛋器打至發泡。等蛋白打到變白、起泡沫後，加入香草精和白砂糖，繼續打至堅挺。

2 …用橡皮刮刀將混合好的糖粉、杏仁粉、低筋麵粉翻拌進打發的蛋白中。邊轉動著圓盆，邊用橡皮刮刀由圓盆正中心將材料往盆緣推，然後再將材料帶回到正中心的畫圈動作翻拌，拌勻成麵糊，這樣可以做好混合均勻的動作。

…

3 …烤箱180°C｜350°F預熱。

將麵糊放入已裝好圓形擠花嘴的擠花袋中，在鋪有烘焙紙的烤盤上擠出數個直徑2公分｜¾吋的小圓餅狀麵糊，然後在表面撒上杏仁片。把烤箱溫度降到 170°C｜340°F，放入烤箱烘烤12～15分鐘。

從烤箱取出，在烤盤上完全放涼後，利用網篩在餅乾表面撒上少許糖粉。

4 …將一半的圓餅翻倒過來，在底部朝上的圓餅上塗點杏子果醬，然後把剩下的圓餅蓋上。

主廚的小提醒

餅乾放入密封容器裝好，然後放入冰箱冷藏至少12小時再食用。這道甜點也可以使用覆盆子果醬做夾心。

份量：60個　準備時間：20分鐘　烘焙時間：15分鐘　靜置時間：10分鐘

Biscuits à la Cuillère

手指餅乾

中筋麵粉60克｜½杯
馬鈴薯澱粉（Potato Starch）60克｜⅓杯
全蛋250克｜約5個
白砂糖125克｜½杯＋2大匙
糖粉30克｜¼杯

用具

擠花袋套上口徑10釐米｜⅖吋的圓形擠花嘴

1 … 中筋麵粉和馬鈴薯澱粉混合好一同過篩。
將蛋白和蛋黃分離。

2 … 將蛋黃和½量的白砂糖放入一個攪拌圓盆中，用打蛋器打至顏色變淡。

3 … 將5個蛋白放入一個乾淨且沒有沾附水分的攪拌圓盆中，用電動打蛋器打至發泡。等蛋白打到變白、起泡沫後，加入剩餘的白砂糖，然後繼續打至堅挺。

4 … 立刻用橡皮刮刀將蛋黃糊翻拌到打發的蛋白裡，撒上混合好的中筋麵粉和馬鈴薯澱粉，用打蛋器輕柔地混合。邊轉動著圓盆，邊用橡皮刮刀由圓盆正中心將材料往盆緣推，然後再將材料帶回到正中心的畫圈動作翻拌，拌勻成麵糊，這樣可以做好混合均勻的動作。

…

5 …將麵糊放入已裝好圓形擠花嘴的擠花袋中，在鋪有烘焙紙的烤盤上擠出數個6×2公分｜2⅓×¾吋的長條狀麵糊。
烤箱以170°C｜340°F預熱。

6 …用網篩將½量的糖粉撒在長條狀麵糊上，放置10分鐘後，再撒上糖粉，把剩下的糖粉全部用完。立刻把烤盤放入烤箱，烘烤約15分鐘，烤至稍微上色。
從烤箱取出，放涼。

份量：20～22個　準備時間：20分鐘　烘焙時間：每次2小時30分鐘

Meringues
蛋白霜餅

糖粉120克｜1杯
蛋白120克｜約4個
白砂糖120克｜½杯＋2大匙

用具
擠花袋裝上口徑10釐米｜⅖吋的星形擠花嘴

1 …烤箱以100°C｜210°F預熱。
糖粉過篩。

2 …將蛋白放入一個乾淨且沒有沾附水分的攪拌圓盆中，用電動打蛋器打至發泡。等蛋白打到變白、起泡沫後，加入約40克｜3大匙的白砂糖繼續打發，然後加入約40克｜3大匙的白砂糖打1分鐘，再加入剩餘的白砂糖打1分鐘至堅挺。用橡皮刮刀將糖粉輕柔地以由底部翻拌上來的方式，和打好的蛋白混合成蛋白霜。

主廚的小提醒
可以在蛋白霜表面撒上糖粉，然後搭配雪酪或冰淇淋食用。

3 …將蛋白霜放入已裝好星形擠花嘴的擠花袋中，在一個鋪有烤盤紙的烤盤上擠出數個螺旋狀的蛋白霜。因為蛋白霜烘烤時會膨脹，所以在每糰蛋白霜間預留足夠讓蛋白霜伸展的空間。如果沒有擠花袋的話，可用2支沾過熱水的湯匙將蛋白霜整型成蛋形（立體的橢圓型）。

4 …放入烤箱烘烤約2小時30分鐘。由於蛋白霜要以慢慢烘烤的方式烘乾，注意不可以讓它一下子上色太快。
等蛋白霜餅完全放涼，再放入密封容器中。

Tuiles aux Amandes
杏仁瓦片餅乾

低筋麵粉80克｜⅔杯
糖粉250克｜2杯＋1大匙
全蛋50克｜約1個
蛋白250克｜約5個
香草精1小匙

奶油100克｜7大匙
奶油（抹蛋糕盤用）20克｜1½大匙
杏仁片250克｜2¾杯

用具
瓦片餅乾專用模或擀麵棍

1 …將低筋麵粉和糖粉混合，直接過篩到一個大的攪拌圓盆中。
加入蛋、蛋白、香草精，用木匙慢慢攪拌混合成麵糊。
奶油放入一個小鍋，以小火煮融，或者用微波爐融化，再加到麵糊裡攪拌混合。
用橡皮刮刀小心地拌入杏仁片，但不要過度混合，以免把杏仁片弄碎，完成麵糊。

2 …烤箱以180°C｜350°F預熱。
用一支浸過水的湯匙挖出麵糊，再用食指將麵糊推到抹了奶油的烤盤上。
因為麵糊烘烤時會膨脹，所以在每糰麵糊間預留足夠讓麵糊伸展的空間。
叉子再浸過水，將每糰麵糊壓平，抹開成一樣的厚度。

3 …如果沒有瓦片餅乾專用模的話，也可以用擀麵棍製造相同的彎曲形狀。
在擀麵棍上抹一點油，然後把擀麵棍卡在布巾的皺褶間以防止滾動。

•••

放入烤箱烘烤約5分鐘，密切注意烘烤中的瓦片餅乾，只要餅乾邊緣一變成金黃色（邊緣上色會比中間快），立刻從烤箱取出。

4 …快速地用金屬餅乾剷把熱瓦片餅乾取出，移到瓦片專用模裡或者擺在擀麵棍上輕壓成型。每片瓦片餅乾都要個別塑形，等形狀固定後再移到涼架上。瓦片餅乾非常的脆弱，操作時更得小心謹慎。如果留在烤盤上的餅乾在塑形前就變硬了，可以放回烤箱加熱約1分鐘，把它烤軟。

5 …等瓦片餅乾完全放涼，再放入密封容器中。

試試變化款

瓦片餅乾冷卻後，可以依照下述的方法裹覆調溫過的黑巧克力或牛奶巧克力，沾裹後讓它凝固。

調溫融化巧克力需要技術，其中一個簡單的做法是：將巧克力在砧板上用刀切碎，裝到一攪拌圓盆中，再把圓盆盛到一個煮著熱水的鍋子上隔水加熱至融化。將¾量的巧克力倒在一個乾淨並且不沾水分的工作檯面上，用不鏽鋼材質的奶油抹刀把巧克力在檯面上寬廣地抹開，再用抹刀把它刮聚在一起，然後再寬廣地抹開，重複數次直到巧克力開始變得濃稠。接著，把巧克力剷起來放回圓盆中，與其他¼量的融化巧克力充分混合。調溫過的巧克力必須在30～31°C｜86～88°F的溫度間使用，高於或低於這個溫度，巧克力冷卻後則會泛白（英文稱為「bloom」）。

瓦片餅乾沾過調溫巧克力，等巧克力凝固後才能放入密封容器中保存。

主廚的小提醒

也可以把瓦片餅乾放在平面的地方冷卻，也就是不使用擀麵棍塑形，這樣瓦片餅乾比不容易破，也比較方便保存。

LES BOISSONS

飲品

Chocolat Chaud
熱巧克力

冷的全脂牛奶1公升｜1夸脫
水150毫升｜⅔杯
白砂糖100克｜½杯
苦味巧克力（可可含量至少67%）185克｜6½盎司
苦味巧克力（可可含量至少80%）50克｜2盎司

1 …把牛奶、水、白砂糖放入鍋中煮至沸騰。
將所有巧克力放在砧板上用刀切碎。

2 …鍋子離火，加入所有的巧克力，用打蛋器攪拌。

3 …用手持式攪拌棒直接在鍋裡攪拌熱巧克力（已離火狀態下），或是把熱巧克力倒到果汁機裡打勻。

主廚的小提醒

如果喜歡特別濃稠的熱巧克力，在將所有巧克力都加入牛奶後，把鍋子放回爐子上，以小火煮至即將沸騰，過程中為了避免巧克力黏鍋，邊加熱須邊用打蛋器攪拌。
假若喝到一半覺得熱巧克力太濃稠該怎麼辦？很簡單，加點熱牛奶稀釋即可。
假若放入密封容器裝，可以放在冰箱保存2天。重新加熱時，要用耐熱的圓盆盛到煮著熱水的鍋子上隔水加熱。冷冷地喝也不減美味，只要把熱巧克力用300毫升｜1¼杯的冰牛奶稀釋即可。

Café Viennois
維也納咖啡

咖啡250克｜1大杯
鮮奶油香堤（參照基礎食譜p.374）50克｜6大匙

1 …參照p.374先製作好鮮奶油香堤，放入冰箱冷藏。

2 …煮好咖啡，用一個大杯子裝。
將鮮奶油香堤用湯匙，或者放入已裝好14釐米｜½吋星形擠花嘴的擠花袋中，在咖啡上擠上奶油花，立刻飲用。

主廚的小提醒
維也納咖啡通常是在味道較淡的濃縮咖啡上，擠些許不加糖的打發鮮奶油。

Café Blanc aux Trois Agrumes
柑橘清露

檸檬（表皮未打蠟）1顆
萊姆（表皮未打蠟）1顆
柳橙（表皮未打蠟）1顆
水450毫升｜2杯
橙花純露30克｜2大匙

用具
研磨器
濾茶包

1 …用研磨器將檸檬、萊姆、柳橙皮有顏色的皮刮下，避免刮到帶苦味的白色部分。

2 …將檸檬、萊姆、柳橙等量的皮屑混合均勻，取1大匙的綜合皮屑放入濾茶包裡面。

3 …將水煮至即將沸騰，倒入一個有蓋的茶壺裡，加入橙花純露和濾茶包，立刻蓋上鍋蓋讓它浸漬5分鐘，使其入味即可飲用。

Milkshake
奶昔

香草冰淇淋2球
冰的全脂牛奶120毫升｜½杯

用具
果汁機
馬扎格蘭杯（Mazagran）
或者其他形狀的玻璃杯

1 …在製作前10分鐘，從冰箱取出冰淇淋放軟。

2 …把冰淇淋舀入果汁機裡，倒入冰牛奶，用果汁機打勻。

試試變化款
這道食譜可以用任何口味的冰淇淋製作，像咖啡、巧克力、焦糖冰淇淋等等。製作水果口味的奶昔時，例如草莓，可加入50克｜⅓杯的水果、牛奶和冰淇淋一起調理即可。

主廚的小提醒
如果沒有果汁機的話，可以使用手提式調理棒（均質機）製作奶昔。

LES RECETTES DE BASE

基礎食譜

份量：450克，直徑24公分塔模2個　準備時間：20分鐘　靜置時間：至少2小時，最好是一晚

Pâte Sucrée aux Amandes
杏仁甜塔皮麵糰

糖粉70克｜½杯＋1大匙
冰的奶油120克｜½杯
杏仁粉25克｜¼杯
鹽之花或其他粗顆粒海鹽1小撮
香草粉1小撮或香草精數滴
全蛋50克｜約1個
低筋麵粉200克｜1⅔杯

1 …糖粉過篩。奶油切成小塊，放到一個大的攪拌圓盆中拌勻，放於室溫軟化。奶油攪拌成乳霜狀，依序加入篩過的糖粉、杏仁粉、鹽、香草粉、蛋，最後加入低筋麵粉，記得加入材料時，要先混合好再加入下一個材料。將材料混合至剛好成糰，不要過度混合，這樣成品的口感才會酥。如果有直立式攪拌器的話，可以用機器配上片狀（平板）攪拌接頭完成混合動作。

2 …把麵糰整成一糰，用保鮮膜包好，放入冰箱鬆弛至少2小時。最好是前一日就先將麵糰做好，隔日會比較容易擀開。

主廚的小提醒

上述的食材可以完成450克｜16盎司的麵糰，但是它最終的口感取決於所有材料和1個蛋的比例。因此我建議即使不需使用這麼多的麵糰時，也同樣製作整份食譜食材的量。若有剩下的麵糰，可以擀成2釐米｜1/10吋厚的薄片，注意擀開的時候不要使用太多麵粉，然後切成小圓餅、3×3公分｜1¼×1¼吋的正方形、2×4公分｜⅘×1½吋的長方形，用來烘焙小的奶油酥餅。當然，也可以把未擀開的麵糰放到冰箱冷藏，留作別的用途，最多可以保存5天。

份量：450克，直徑24公分塔模2個　準備時間：20分鐘　靜置時間：至少 1小時，最好是一晚

Pâte Brisée

布里歐酥脆塔皮麵糰（基本塔皮麵糰）

低筋麵粉250克｜2杯
冰的奶油125克｜9大匙
鹽之花或其他粗顆粒海鹽1小撮
水4大匙
蛋黃40克｜約2個

1 …將低筋麵粉直接過篩到一個大的攪拌圓盆中。冰的奶油切小丁塊後和鹽一同加到圓盆裡。用手掌輕輕地將奶油、低筋麵粉、鹽擠壓在一起，直到形成細碎砂石顆粒狀為止。

2 …加入水和蛋黃，混合到剛好均勻，麵糰剛好成糰，不要過度混合。如果有直立式攪拌器的話，可以用機器配上片狀（平板）攪拌接頭完成混合動作。

3 …把麵糰整成一糰，用保鮮膜包好，放入冰箱鬆弛至少1小時。最好是前一日就先將麵糰做好，隔日會比較容易擀開。

份量：1公斤　準備時間：30分鐘　靜置時間：7小時＋2小時（最好是一晚）

Pâte Feuilletée

千層酥皮麵糰

鹽之花或其他粗顆粒海鹽10克｜2½小匙
水250毫升｜1杯
奶油75克｜5大匙
冰的奶油400克｜1½杯＋4大匙
低筋麵粉500克｜4杯

用具
擀麵棍

1 …把鹽溶入室溫的水中。
將75克｜5大匙的奶油倒入小鍋中，以小火煮至融化。
低筋麵粉放入一個大的攪拌圓盆中拌勻，加入鹽水混合，再加入融化的奶油。用指尖混合均勻，將材料混合至剛好成糰，不要過度混合。

2 …將麵糰（法文叫détrempe）放到乾淨的桌面上，整成15×15公分｜6×6吋的正方形。包上保鮮膜，放入冰箱鬆弛1小時，讓麵糰變得紮實。

3 …將400克｜1½杯＋4大匙的冰奶油放在一張烘焙紙上。用擀麵棍擀壓使其軟化，藉由烘焙紙的幫助，將奶油不斷地往中心對折，然後重複擀壓軟化的動作，直到奶油的硬度和麵糰相同。把奶油整型成15×15公分｜6×6吋的正方形奶油塊（法文叫beurrage）。操作過程中可視情況把麵糰放於室溫變軟，或是把正方形奶油塊放在冰箱冰一下使其變硬。

4 …把麵糰擀成30×30公分｜12×12吋的正方形，奶油塊斜角地放在正中央，然後把麵糰上下左右對折到正中央將奶油塊包住，奶油塊完全不可以露出來。

5 …將麵糰包奶油擀成60公分｜24吋長，然後像折信紙般把麵糰上下向內折成三折，折好的麵糰叫作「pâton」。將「pâton」轉90度，擀成60公分｜24吋長，然後再次折三折。每折一次三折，算是完成了一個折疊，總共要做6個折疊。每完成2個折疊，就把麵糰放入冰箱鬆弛2小時。

6 …當6個折疊都完成時，讓麵糰在冰箱鬆弛至少2小時，最好是放隔夜，冷藏到要使用時再取出。

準備時間：30分鐘＋基礎食譜時間　烘焙時間：33分鐘　靜置時間：基礎食譜時間

Pâte Feuilletée Caramélisée

焦糖千層酥皮麵糰

千層酥皮麵糰（參照基礎食譜p.360）1公斤｜約2磅
奶油（抹烤模用）20克｜1½大匙
中筋麵粉（防沾手粉用）50克｜⅓杯
糖粉150克｜1¼杯

用具
擀麵棍

1 …參照基礎食譜p.360製作千層酥皮麵糰。
在烤盤上塗抹奶油，鋪上烘焙紙，輕壓烘焙紙讓紙牢牢地黏貼在烤盤上。

2 …烤箱以165°C｜330°F預熱。
將麵糰放在撒上麵粉的桌面上，擀成和烤盤一樣大小，並且不超過2釐米｜1/10吋的厚度。把麵皮移到烤盤裡，上面蓋上烘焙紙，在烘焙紙上再放一個涼架或另一個烤盤壓著，以防止酥皮在烘烤時膨脹得太高。

3 …放入烤箱烘烤25～30分鐘，直到酥皮均勻地烤透呈淡金黃色。
從烤箱取出，完全放涼。

4 …烤箱以240°C｜465°F預熱。在烤過的酥皮表面以篩網均勻地撒上一層薄糖粉，再次放入烤箱烘烤2～3分鐘，因為烘烤時間很短，烤的時候別走開，等糖粉一融化，酥皮就得立刻出爐。

主廚的小提醒
酥皮一定要完全放涼後才能再次放回烤箱烘烤，這樣才能只將糖粉焦糖化，而不會將酥皮烤得過黑。

份量：200克　準備時間：20分鐘　烘焙時間：15～20分鐘　靜置時間：至少1小時30分鐘

Pâte Sablée Croustillante à Crumble
酥脆甜餅顆粒

冰的奶油50克｜3½大匙
中筋麵粉50克｜⅓杯
中筋麵粉（防沾手粉用）20克｜2½大匙
白砂糖50克｜¼杯
杏仁粉50克｜½杯
鹽1小撮

用具
擀麵棍

1 …冰的奶油切成小塊。中筋麵粉直接過篩到一個大的攪拌圓盆中，加入奶油、白砂糖、杏仁粉、鹽。
用手掌將奶油和粉類輕輕地擠壓在一起，直到形成細碎砂石顆粒狀為止。

2 …把麵糰整成一糰，用保鮮膜包好，放入冰箱鬆弛至少1小時。

3 …將麵糰放在撒上麵粉的桌面上，擀成5釐米｜⅕吋厚的薄片，再切成1公分｜⅓吋的方塊。放入冰箱冷藏30分鐘，讓麵糰變硬。

4 …烤箱以150°C｜300°F預熱。
把方塊麵糰放到鋪有烘焙紙的烤盤上，把麵糰間取適當的距離分散開來，避免任何方塊黏在一起。
放入烤箱烘烤15～20分鐘，烤至呈金黃色。
等酥脆甜餅顆粒完全放涼，再放入密封容器中。

主廚的小提醒
也可以於前一日先製作麵糰（做法1～2），然後隔日再烘烤。

份量：閃電泡芙和布里歐果曼10～12個，小泡芙和薩隆布25～30個　準備時間：23分鐘

Pâte à Choux

包心菜麵糰（泡芙麵糰）

低筋麵粉120克｜1杯－½大匙
全脂牛奶100毫升｜½杯－1大匙
水100毫升｜½ 杯－1大匙
白砂糖10克｜1大匙
鹽1小撮
奶油80克｜5½大匙
全蛋200克｜約4個

1 …低筋麵粉過篩。將牛奶、水、白砂糖、鹽、奶油倒入鍋中煮至沸騰，離火，加入低筋麵粉，用橡皮刮刀奮力地攪拌混合均勻。將鍋子放回爐子上以小火邊加熱，邊快速攪拌，攪拌至麵糊開始結成糰，並且不黏附於鍋子內側，大約1分鐘。

2 …把麵糰換到一個大的攪拌圓盆中冷卻，然後以一次只加入1個蛋的方式，每次都用橡皮刮刀攪拌混合好再加入下一個。如果全部的蛋都加入了而麵糊還是太硬，可視情況再加入蛋液（材料以外）來調整。

3 …等麵糊完全混合均勻時，將麵糊裝入擠花袋裡擠成想要的形狀，像是泡芙、閃電泡芙、薩隆布等等。

Pâte à Brioche
布里歐修麵糰

低筋麵粉280克｜2¼杯
白砂糖40克｜3大匙
鹽5克｜1小匙
新鮮酵母10克｜⅓盎司
全蛋200克｜約4個
奶油180克｜12½大匙

1 …把低筋麵粉放入一個大的攪拌圓盆中，將鹽放在麵粉的一邊，新鮮酵母則以指尖壓成小碎塊後放在另一邊。
注意：新鮮酵母不可以在混合麵糰前碰到鹽，否則不會發酵。

2 …奶油切小塊。
把蛋放入一個碗裡打散，將⅔量的蛋液加入低筋麵粉裡，用木匙將所有材料做初步攪拌，再一點一點地加入剩下的蛋液。用手揉麵糰，揉到麵糰不再附著於盆子內側，加入奶油，繼續揉到麵糰再次不附著於盆子內側。

3 …把麵糰換個乾淨的攪拌圓盆或陶製圓盆中，用濕毛巾或保鮮膜蓋住麵糰，靜置於室溫發酵，讓麵糰發酵膨脹為原來的2倍大小（約2小時30分鐘）。
以拉起麵糰往中心折疊的方式消氣，讓麵糰恢復成原來的大小。

4 ‧‧‧用保鮮膜蓋住麵糰，放入冰箱冷藏2小時30分鐘。冷藏過程中，麵糰會再度膨脹，所以從冰箱取出後，需再次以拉起麵糰往中心折疊的方式消氣，讓麵糰恢復成原來的大小，這樣麵糰便可以使用了。

主廚的小提醒

如果有站立式攪拌器的話，可裝上勾狀麵糰專用接頭來製作這個麵糰。
這個食譜的材料可以做60克｜2盎司的布里歐修約12個，50克｜1¾盎司的布里歐修約14個，30克｜1盎司的迷你布里歐修約25個。

Crème Pâtissière
卡士達醬

香草豆莢1根
全脂牛奶400毫升｜1⅔杯
蛋黃80克｜約4個
白砂糖80克｜½杯－1大匙
玉米澱粉30克｜¼杯
奶油25克｜2大匙

1 …用銳利的刀將香草豆莢縱向切開，以刀尖刮出香草籽。將牛奶、香草豆莢、香草籽一同放入小鍋中煮至即將沸騰，離火，立刻蓋上鍋蓋，讓它浸漬15分鐘使其入味。

2 …將蛋黃、白砂糖放入一個大的攪拌圓盆中，用打蛋器打至顏色變淡時，加入玉米澱粉混合。

3 …將香草豆莢從牛奶中撈出，牛奶放回爐子上加熱至即將沸騰。接著把⅓量的熱牛奶倒入蛋黃的混合液裡（為了調溫），用打蛋器充分攪拌混合，再將混合好的奶蛋液全部倒回鍋中加熱。邊加熱邊用打蛋器攪拌，不時地用橡皮刮刀刮鍋子內側，煮至沸騰，即成卡士達醬。

4 …卡士達醬煮好後離火，倒到一個乾淨的攪拌圓盆中，放置冷卻10分鐘，等沒有那麼滾燙時再加入奶油攪拌混合均勻。用保鮮膜包好備用。

主廚的小提醒

煮牛奶時一定要特別留意不要讓它溢出來，這是很常發生的意外狀況。除此之外，還要注意在燜香草豆莢時，要把鍋蓋蓋密，防止水分蒸發流失，若沒留意這點的話，完成的卡士達醬可能因太乾而失敗。

Crème d'Amandes
杏仁奶油醬

奶油100克｜7大匙
糖粉100克｜¾杯
杏仁粉100克｜1杯
玉米澱粉10克｜1大匙
全蛋100克｜約2個
蘭姆酒1大匙

1 …奶油切成丁狀，用一個耐熱的圓盆裝，再把圓盆盛到一個煮著熱水的鍋子上隔水加熱，也可以使用微波爐加熱，使奶油軟化成乳霜狀，但避免讓奶油過熱至融化。

2 …依序加入糖粉、杏仁粉、玉米澱粉、蛋、蘭姆酒混合。

主廚的小提醒
為了確保杏仁奶油醬的滑順，建議在使用前再開始製作奶油醬。

份量：325克　準備時間：10分鐘

Crème Chantilly
鮮奶油香堤

冰的鮮奶油300毫升｜1¼杯
糖粉25克｜3大匙

1 …鮮奶油放在冰箱冷藏至要使用時才取出，因為冰的比較容易打發。

2 …放一個大的攪拌圓盆到冷凍庫冰。

3 …冰的鮮奶油倒至冰的攪拌圓盆中，用打蛋器打發。打到開始變濃稠時加入糖粉，視個人的用途繼續打至所需的狀態。

Crème Anglaise
英格蘭奶蛋醬

香草豆莢2根
全脂牛奶250毫升｜1杯＋1大匙
鮮奶油250毫升｜1杯＋1大匙
蛋黃120克｜約6個
白砂糖100克｜½杯

1 … 用銳利的刀將2根香草豆莢縱向切開，以刀尖刮出香草籽。將牛奶、鮮奶油、香草豆莢、香草籽一同放入小鍋中煮至即將沸騰，離火，立刻蓋上鍋蓋，讓它浸漬15分鐘使其入味。

2 … 將蛋黃、白砂糖放入一個攪拌圓盆中，用打蛋器打至顏色變淡。

3 … 將香草豆莢從牛奶中撈出，將牛奶和鮮奶油放回爐子上加熱至即將沸騰，將⅓量的熱牛奶倒入蛋黃的混合液裡（為了調溫），用打蛋器充分攪拌混合，再將混合好的奶蛋液全部倒回鍋中加熱。

…

4 ··· 以小火加熱，邊加熱邊用木匙攪拌，直到奶蛋液變濃稠成醬。當醬的濃度可裹覆湯匙，並且手指可在裹覆醬的湯匙背面清楚地畫出一條線（或提起湯匙而醬不會滴落）時表示煮好了。

注意：醬絕對不可以煮至沸騰，醬的溫度上限是85°C｜185°F。

5 ··· 奶蛋醬一旦達到理想的濃度，立即離火，整個倒入一個攪拌圓盆降溫，然後不斷地攪拌5分鐘，以保持奶蛋醬的滑順口感。

6 ··· 放置完全冷卻後，放到冰箱冷藏，冰的食用。

主廚的小提醒

奶蛋醬若煮過頭會結塊，這是因為其中的蛋黃凝固了的關係。補救方法是用果汁機或食物調理機把醬快速打至滑順，但不可以打太久，以免醬會被破壞變稀。

Crème Mousseline Pistache

開心果慕斯琳奶油醬

奶油90克｜6½大匙
全脂牛奶180毫升｜¾杯
蛋黃40克｜約2個
白砂糖50克｜¼杯
玉米澱粉15克｜2大匙
開心果膏60克｜¼杯
食用綠色色素少許

1 …從冰箱取出奶油，放在室溫軟化。將牛奶倒入鍋中煮至即將沸騰。

2 …將蛋黃、白砂糖放入一個攪拌圓盆中，用打蛋器打至顏色變淡時，加入玉米澱粉混合。接著，將⅓量的熱牛奶倒入蛋黃的混合液裡（為了調溫），用打蛋器充分攪拌混合，再將混合好的奶蛋液全部倒回鍋中加熱。邊加熱邊用打蛋器攪拌，不時地用橡皮刮刀刮鍋子內側，煮至沸騰，即成卡士達醬。

3 …卡士達醬煮好後離火，放置冷卻10分鐘，等沒有那麼滾燙時再加入一半的奶油混合。

4 …隨後倒入一個大淺盤中，蓋上保鮮膜，放涼到室溫（18～20°C｜64～68°F），加入食用綠色色素拌勻。如果還是太燙的話，可以放入冰箱冰10分鐘降溫。

5 …將醬倒入一個大的攪拌圓盆中，用電動打蛋器攪拌至滑順，加入開心果膏和剩下的另一半奶油，繼續攪拌成滑順的乳霜狀即可。

份量：850克　準備時間：30分鐘　靜置時間：20分鐘

Crème Mousseline au Praliné

果仁糖慕斯琳奶油醬

奶油185克｜½杯 ＋5大匙
全脂牛奶380毫升｜1½杯＋2大匙
蛋黃60克｜約3個
白砂糖120克｜½杯＋2大匙
玉米澱粉35克｜¼杯
杏仁果仁糖膏90克｜3盎司
榛果果仁糖膏35克｜1盎司

1 … 從冰箱取出奶油，放在室溫軟化。將牛奶倒入鍋中煮至即將沸騰。

2 … 將蛋黃、白砂糖放入一個攪拌圓盆中，用打蛋器打至顏色變淡時，加入玉米澱粉混合。接著，將1/3量的熱牛奶倒入蛋黃的混合液裡（為了調溫），用打蛋器充分攪拌混合，再將混合好的奶蛋液全部倒回鍋中加熱。邊加熱邊用打蛋器攪拌，不時地用橡皮刮刀刮鍋子內側，煮至沸騰，即成卡士達醬。

3 … 卡士達醬煮好後離火，放置冷卻10分鐘，等沒有那麼滾燙時再加入一半的奶油混合。

4 … 隨後倒入一個大淺盤中，蓋上保鮮膜，放涼到室溫（18～20°C｜64～68°F），如果還是太燙的話，可以放入冰箱冰10分鐘降溫。

5 … 將醬倒入一個大的攪拌圓盆中，用電動打蛋器攪拌至滑順，加入2種果仁糖膏和剩下的另一半奶油，繼續攪拌成滑順的乳霜狀即可。

份量：250毫升　準備時間：15分鐘

Coulis de Fraises
草莓果泥醬

草莓（去掉蒂頭）300克｜2杯
白砂糖30克｜2½大匙
檸檬汁2大匙
水2大匙

1 …使用手持式攪拌棒或食物調理機把草莓和白砂糖打成果泥。

2 …用濾網過濾，邊過濾邊用湯匙擠壓果泥，盡量將果肉壓過濾網保留下來，只去除籽。
在果泥快要濾完時，在濾網裡倒入2大匙的檸檬汁、2大匙的水和剩下的果肉一同過濾，這樣會比較容易過濾。

3 …完成的果泥醬放入冰箱冷藏。

主廚的小提醒
冰涼食用最可口，這個果泥醬與醃了糖的草莓、水果蛋糕、香草冰淇淋或草莓雪酪都是絕佳搭配。

Coulis de Framboises
覆盆子果泥醬

覆盆子300克｜2¼杯
白砂糖30克｜2½大匙
檸檬汁2大匙
水3大匙

1 …使用手持式攪拌棒或食物調理機把覆盆子和白砂糖打成果泥。

2 …用濾網過濾，邊過濾邊用湯匙擠壓果泥，盡量將果肉壓過濾網保留下來，只去除籽。
在果泥快要濾完時，在濾網裡倒入2大匙的檸檬汁、3大匙的水和剩下的果肉一同過濾，這樣會比較容易過濾。

3 …完成的果泥醬放入冰箱冷藏。

主廚的小提醒
這個果泥醬是水果蛋糕的絕佳佐醬，而且我建議水果蛋糕還要搭配冰淇淋或雪酪食用。

Coulis de Passion
百香果果泥醬

香蕉½根
柳橙2顆
白砂糖20克｜1½大匙
百香果12個

1 … 香蕉剝皮後切成小塊，柳橙榨汁。
使用手持式攪拌棒或食物調理機把香蕉、柳橙汁和白砂糖打成果泥。

2 … 用湯匙挖出百香果的果肉和籽。如果喜歡的話，可以將籽留在果泥醬裡，成品會更加吸引人。當然也可以用濾網將籽去掉，以邊過濾邊用湯匙擠壓果泥的方式，盡量將果肉壓過濾網保留下來，只去除籽。

3 … 把百香果果肉和果汁加到香蕉和柳橙汁泥裡混合。完成的果泥醬放入冰箱冷藏。

主廚的小提醒
很不幸的，百香果不是每次都很多汁，這是為什麼我在食譜裡加了柳橙汁補足水分的原因。另外，我還加了香蕉，讓口感更豐富且有層次。

甜點名稱索引

（法文字母順序）

‧‧‧‧‧

〈甜點食譜〉

〈基礎食譜〉

LADURÉE 甜點行政主廚

菲力普·安德利尤 Philippe Andrieu

⋯⋯

菲力普·安德利尤生於費捷克（Figeac），童年在法國南部洛特省（Lot）的聖西爾克（Saint-Cirgues）渡過。與母親一起下廚和在家裡餐廳幫忙，讓他萌生到料理學院就讀的念頭。15歲時，他進入蘇雅克（Souillac）的餐飲管理學校（École Hôtelière）學習。在那裡，他從餐飲服務開始做起，後來進入廚房工作，進而取得了料理證書，也逐漸發覺甜點是自己的興趣所在。在歷經嚴苛的基礎烘焙訓練後，最後取得了甜點證書。

20歲那年，安德利尤完成四週的軍事訓練後，在土魯斯（Toulouse）的軍中餐廳擔任廚房經理。離開軍隊後到不同的米其林餐廳工作，跟隨的名廚中，最著名的有喬治·布拉克（Georges Blanc）和米修·布拉斯（Michel Bras）。在米修·布拉斯的餐廳工作時，他初次體會到「料理創作就是藝術」，尤其是熔岩巧克力（Biscuit de Chocolat Fondant）和奶油焦果仁糖新鮮乳酪千層派（Millefeuille à la Nougatine au Beurre et à la Crème Fromagère），更讓他留下深刻的印象。

安德利尤只有夏天時才待在布拉斯的餐廳，到了冬天，便到烏拉圭埃斯特角港（Punta del Este）的勃根恩豪華酒店（La Bourgogne Relais

Châteaux）工作。約有3年的時間，就這樣不斷往返於法國與烏拉圭。之後的2年，他協助一個法國品牌在首爾和釜山開設了兩間甜點店，也在香港和開羅各開了一間店，同時還在日本教授甜點課程。

後來，他接下了LADURÉE甜點行政主廚的職位，任職於產品開發實驗廚房。除了負責控制物流外，還負責經營管理與訓練人員，並成功地讓LADURÉE原本就變化多端的甜點品項更為豐富。安德利尤的第一個創作——巧克力馬卡龍，以及黑醋栗紫羅蘭馬卡龍、焦糖海鹽馬卡龍、大黃與野草莓塔、哈爾曼妮和愛麗舍蛋糕、可可豆堅果焦糖巧克力糖、馬卡龍巧克力等等，也都成為了LADURÉE的經典甜點。

米修．布拉斯對他的影響，以及過去的豐富經歷，讓安德利尤得以在LADURÉE充分發揮他的才華。這麼多年來，他致力於結合美味與口感，勇於嘗試，成品或是柔軟的、融化的、酥的、脆的等等，令人驚豔。他更期望能藉由自己的創作，滿足所有人對甜點的渴望。

致謝

這本書得以完成，LADURÉE在此對團隊的以下每位成員，致上最高的謝意！

Philippe Andrieu（貢獻食譜和創作）
Bertrand Bernier（擔任實驗廚房的總監）
Nicolas Ledoux、Willy Meunier（製作甜點）
Patrick Sallaberry、Stéphanie Vincent（食譜寫作）
Julien Christophe、Franck Lenoir、Rodolphe Benoit、Muriel Nau（甜點廚師部門）
Safia Thomass-Bendali、Aude Schlosser、Hanako Schiano（傳播部門）

Christèle Ageorges、Sophie Tramier感謝Véronique Villaret提供華麗高貴的瓷器作品以供拍攝

製作協力：
彩紙和布料：Au Fil des Couleurs/Mauny、Sanderson、Osborne and Little、Les Beaux Draps de Jeannine Cros、Brunschwig et Fils、Designers Guild、Canovas、Farrow and Ball、La Cerise sur le Gâteau
餐具：Véronique Villaret、The Conran Shop、Astier de Villatte、Mis en Demeure、Sandrine Ganem、107 Rivoli、Le Bon Marché、Reichenbach、Wedgwood、Tsé-Tsé / Sentou Galerie、Christiane Perrochon / La Forge Subtile、Laurence Brabant、Caroline Swift、La Boutique、Jars Céramiques、Marc Albert / Ateliers d' Art、Marie Verlet Nezri
調色：Tollens
裝飾：Sedap
插花：Marianne Robic

烘焙基本常識

〈公制單位與英制單位轉換表〉

重量

公制單位	英制單位
28克	1盎司
450克	1磅
1公斤	2.2磅

液體容量

公制單位	英制單位
5毫升	1小匙
15毫升	1大匙
30毫升	1盎司
600毫升	1品脫（20盎司）
1公升	1¾ 品脫（35盎司）

〈材料表〉

奶油：使用無鹽奶油。

鮮奶油：避免使用成分中含有植物性油脂、安定劑的鮮奶油，建議選擇無添加物的純動物性鮮奶油。

牛奶：使用百分之百全脂牛奶。

鹽：盡可能使用鹽之花（Fleur de Sel）。

糖粉：沒有添加玉米澱粉等的純糖粉。

裝飾用糖粉：台灣因濕氣比較重，建議使用防潮糖粉。

可可粉：使用無糖的可可粉。

〈做法〉

★為了能成功地製作蛋白霜，在器具和工具的選擇上，一個乾淨且沒有沾附水分、油的攪拌圓盆，以及電動打蛋器是絕對必要的。

★例如製作卡士達醬這類，刮刀必須在高溫度的狀態下使用時，建議選擇矽膠材質刮刀。

★室溫是指大約18～20°C｜64.4～68°F。

★本書中每道食譜提供的準備時間、烘焙時間、靜置時間等是大約估計的時間，依烤箱大小、性能的差異，讀者製作時需視自家烤箱、烤盤大小、環境濕度斟酌。

★準備時間是指從準備材料到完成點心過程中，實際動手操作的時間，所以，舉凡烘焙、靜置鬆弛、冷藏凝固等都不包含在內。

★靜置時間是指發酵、鬆弛、冷藏凝固，或者使材料達到穩定狀態所需的時間。

法文版製作

食譜　Philippe Andrieu
攝影　Sophie Tramier
設計　Christèle Ageorges
發行　Editions du Chêne-Hachette Livre, 2009

Cook50135
LADURÉE百年糕點老舖的傳奇配方

作者　菲力普・安德利尤（Philippe Andrieu）
翻譯　黃舒萱（Verano）
美術完稿　鄭寧寧
編輯　彭文怡
校對　連玉瑩
行銷　呂瑞芸
企畫統籌　李橘
總編輯　莫少閒
出版者　朱雀文化事業有限公司
地址　台北市基隆路二段13-1號3樓
電話　02-2345-3868
傳真　02-2345-3828
劃撥帳號　19234566 朱雀文化事業有限公司
e-mail　redbook@ms26.hinet.net
網址　http://redbook.com.tw
總經銷　大和書報圖書股份有限公司（02）8990-2588
ISBN　978-986-6029-43-1
CIP　427.16
初版四刷　2015.8

定價　1000元
出版登記　北市業字第1403號

Original title：Maison fondée en 1862 LADURÉE Fabricant de douceurs Paris Sucré